37

38

39

40

41

42

43

44

45

46

47

48

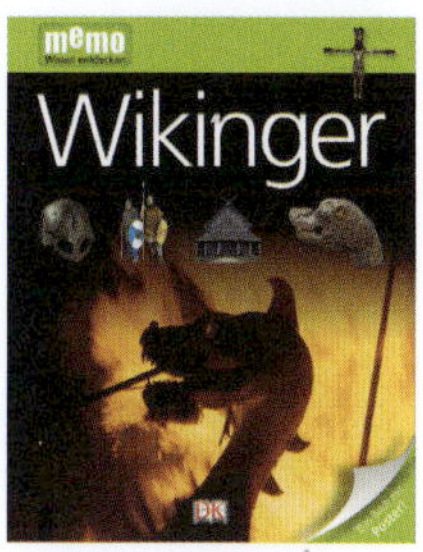

49

50

Alphabetische Reihenfolge der Bände auf der letzten Seite

memo
Wissen entdecken

Klimawandel

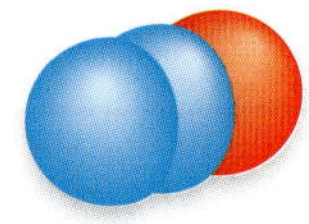

Distickstoffoxidmolekül (N_2O)

Kohlendioxid-molekül (CO_2)

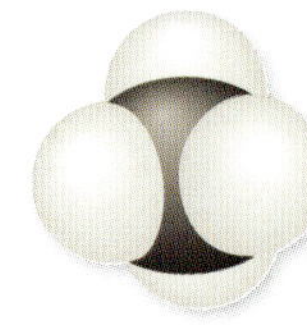

Methanmolekül (CH_4)

Wasserdampf-molekül (H_2O)

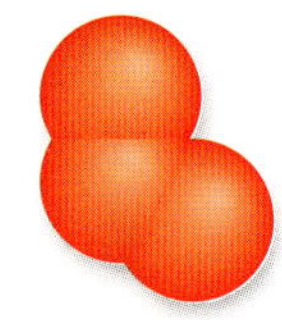

Ozonmolekül (O_3)

Sauberes Leitungswasser

Boeing 767

Wollmammut

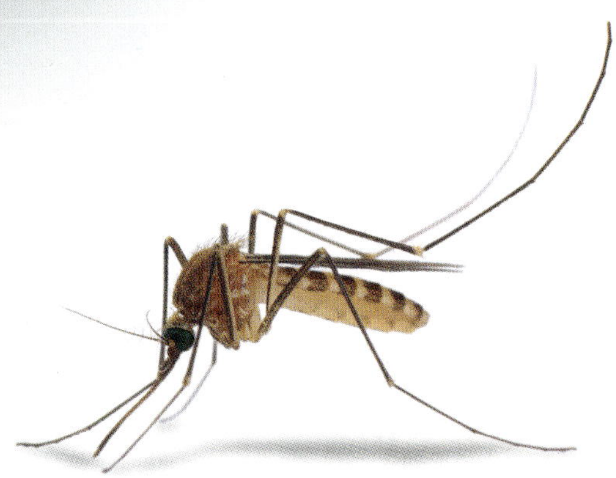

Malariamücke

Recycling-tonnen

Rindfleischburger

memo
Wissen entdecken

Klimawandel

Text von
John Woodward

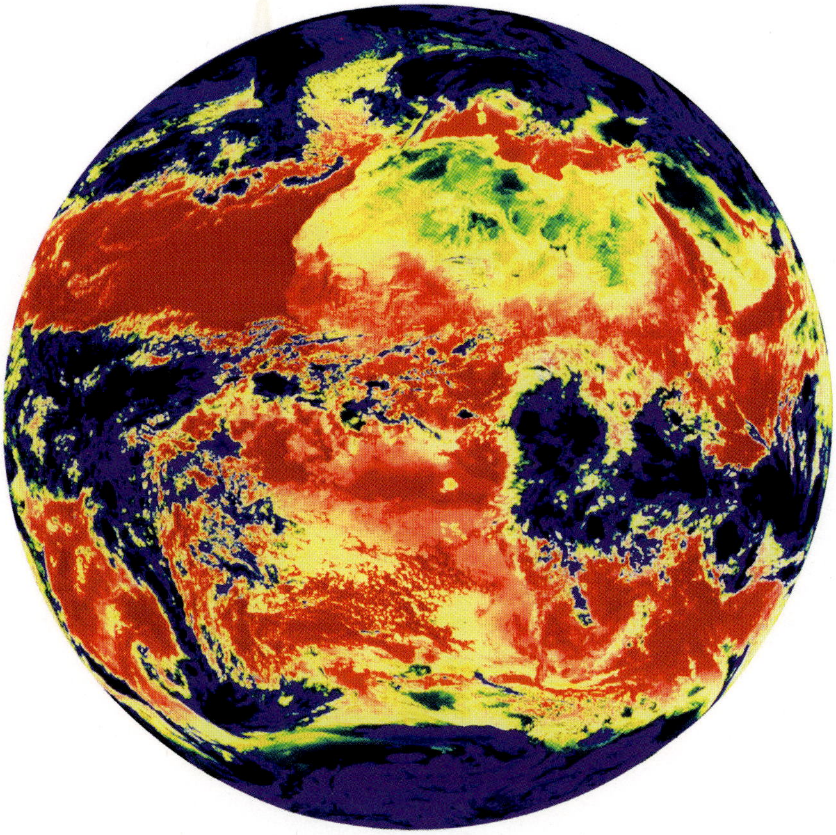

Die Satelliteninfrarotaufnahme zeigt die Erdtemperatur bei Nacht.

DORLING KINDERSLEY

Gemüsepizza

Offshore-Windpark

DORLING KINDERSLEY
London, New York, Melbourne, München und Delhi

Fachliche Beratung Dr. Piers Forster
Projektleitung Sunita Gahir
Projektbetreuung Margaret Hynes
Programmleitung Andrea Pinnington
Cheflektorat Camilla Hallinan
Herstellung Hitesh Patel, Man Fai Lau
Bildredaktion Owen PEyton Jones
Bildrecherche Sarah und Roland Smithies
DK Picture Library Lucy Claxton, Rose Horridge, Myriam Megharbi, Emma Shepherd, Romaine Weblow
Art Director Martin Wilson
Umschlaggestaltung Smiljka Surla

DK Delhi
Art Director Shefali Upadhyay
Gestaltung Govind Mittal, Tannishtha Chakraborti
DTP-Design Harish Aggarwal

Für die deutsche Ausgabe:
Programmleitung Monika Schlitzer
Projektbetreuung Martina Glöde, Janna Heimberg
Herstellungsleitung Dorothee Whittaker
Herstellung Anna Ponton

Bibliografische Information Der Deutschen Bibliothek
Die Deutsche Bibliothek verzeichnet diese Publikation in der Deutschen Nationalbibliografie; detaillierte bibliografische Daten sind im Internet über http://dnb.ddb.de abrufbar.

Titel der englischen Originalausgabe:
Eyewitness Climate Change

Übersetzung Dr. Birgit Fricke, Gerd Hintermaier-Erhard (S. 64–71, Poster)
Lektorat Dr. Christa Söhl
Satz Roman Bold & Black

ISBN 978-3-8310-1890-1

Colour reproduction by Colourscan, Singapore
Printed and bound in China by Toppan

Besuchen Sie uns im Internet
www.dorlingkindersley.de

Zapfsäule in den USA

Schichten der Erdatmosphäre

Wüste in Israel

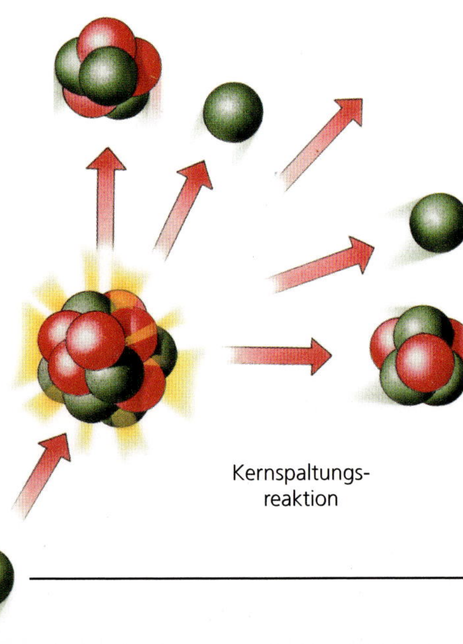

Kernspaltungs-
reaktion

Inhalt

Ford Modell T

Das Klima der Erde

Die Erde ist der einzige Planet in unserem Sonnensystem mit einer Atmosphäre und mit Meeren voller Wasser – ideale Bedingungen für die Entstehung von Leben. Strömungen in der Atmosphäre und in den Meeren verteilen Wärme und Feuchtigkeit rund um den Globus, sodass es fast überall Leben gibt. Diese Strömungen bestimmen auch das Wetter. Das ändert sich täglich, folgt aber vorhersagbaren Mustern. Das Wettermuster an einem bestimmten Ort nennt man Klima. Das Klima ändert sich nur langsam und das Leben passt sich daran an. Doch in letzter Zeit hat sich der Klimawandel beschleunigt.

LEBENDIGER PLANET
Unser Planet ist eine kleine Oase des Lebens im riesigen Weltraum. Vielleicht gibt es noch andere, aber wir kennen nur diese eine. Die Erde ist nah genug an der Sonne, dass die Meere nicht zufrieren. Die sogenannte Erdanziehungskraft stabilisiert die Atmosphäre, die die Lebewesen mit lebenswichtigen Gasen versorgt. Sie wirkt auch wie eine Isolierschicht, die die Temperaturen in Grenzen hält, die das Überleben ermöglichen.

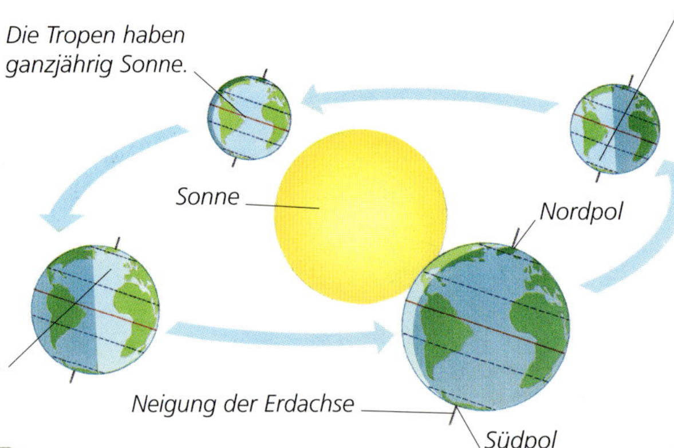

ERDNEIGUNG
Die Sonne scheint direkt auf die Tropen entlang des Äquators. Die konzentrierte Energie schafft das tropische Klima. Auf die Pole trifft das Sonnenlicht in einem Winkel, sodass die Energie gestreut wird und Eisfelder entstehen können. Die Erde steht schräg auf ihrer Achse, sodass die Sonnenstrahlen bei der Erddrehung den Norden im nördlichen Sommer stärker aufheizen, den Süden dagegen im nördlichen Winter. Die Erde braucht ein Jahr, um die Sonne einmal zu umrunden – so entstehen die Jahreszeiten.

UNFRUCHTBARE WÜSTE
Lebewesen brauchen Wasser, deshalb sind Gebiete, in denen das Wasser entweder dauerhaft gefroren oder in der Sonne verdunstet ist, leblose Wüsten. Manche Pflanzen können dort, wo noch Wasser unter der Erdoberfläche lagert, wachsen, doch ein Großteil der Landschaft ist nackter Fels und Sand. In einer heißen Wüste wie in dieser in Israel könnte ein geringer Anstieg der Durchschnittstemperatur sämtliche Spuren von Leben vernichten.

WIMMELNDES LEBEN
In Gebieten mit feuchtwarmem Klima gedeiht das Leben und es entstehen üppige Ökosysteme wie dieser Regenwald. Ein Wirrwarr von Bäumen und anderen Pflanzen bildet die Nahrung für eine Vielfalt von Insekten und anderen Tieren. Doch haben sich alle in ihrer Entwicklung diesen speziellen Klimabedingungen angepasst und viele sind vielleicht nicht in der Lage, einen plötzlichen Klimawandel zu überleben.

WIRBELNDE STRÖMUNGEN
Intensive Sonneneinstrahlung in den Tropen erzeugt warme Luftströme, die in aufsteigenden und sinkenden „Zellen" auf die Pole zufließen. Dabei bringen sie Wärme in Gebiete mit geringerer Sonneneinstrahlung. So kühlen sich die Tropen ab, die gemäßigten Zonen und die Polargebiete heizen sich auf und das Klima der Erde wird gleichmäßiger. Höhenwinde bringen Feuchtigkeit von den Meeren über die Kontinente, die sich dort als Regen oder Schnee niederschlägt. Daher kommt das Wasser, durch das an Land – vom Äquator bis zu den Randzonen der polaren Eismassen – Leben gedeihen kann. Schwankungen der Temperatur und der Regenmenge führen zu einer Vielzahl von Klimazonen, wie Wüste und Regenwald, die man sowohl an ihrem Klima als auch an ihrer Flora und Fauna erkennen kann.

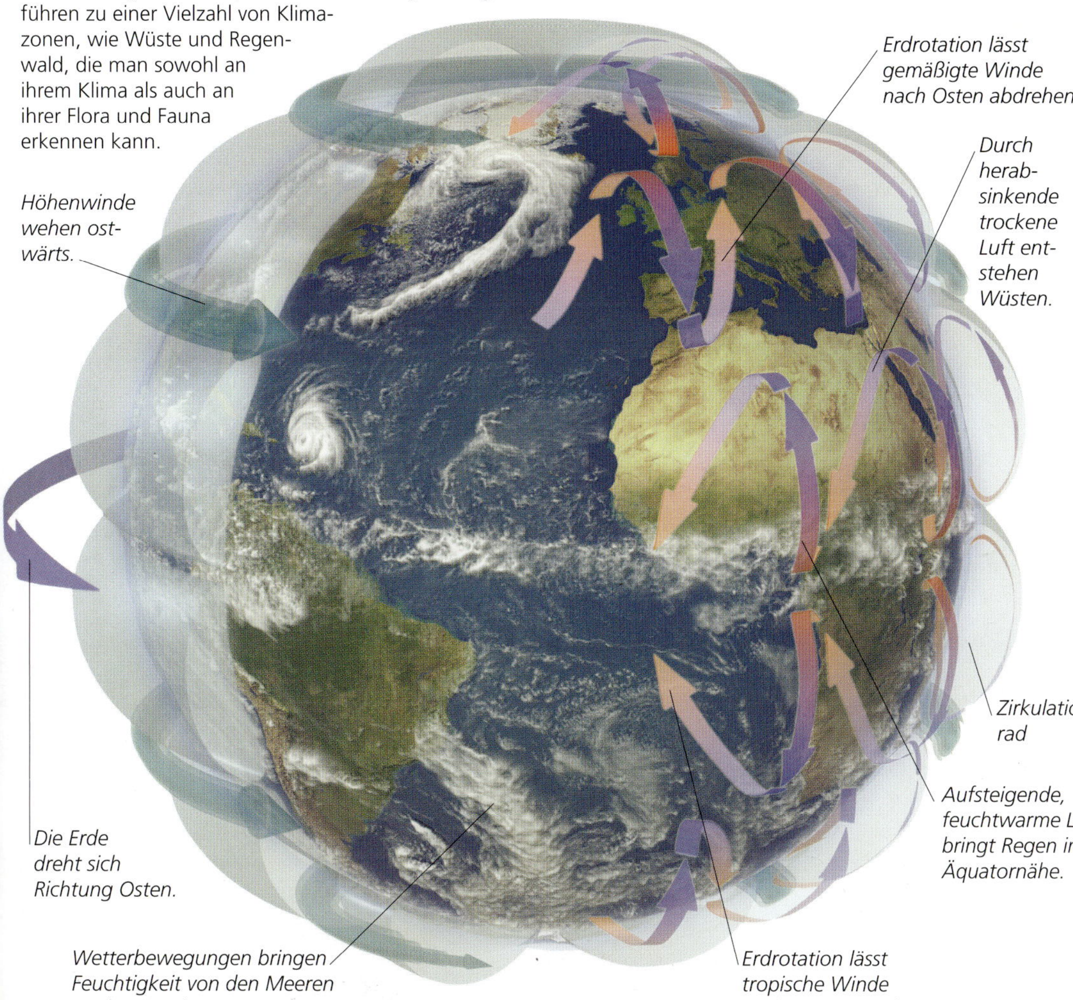

PRIMA KLIMA?
Der größte Teil der Menschheitsgeschichte ereignete sich bei einem recht stabilen Klima. Doch das Klima ändert sich. Das Polareis schmilzt, gemäßigte Zonen leiden vermehrt unter Hitzewellen und schweren Stürmen und die Tropen scheinen trockener zu werden. Klimaforscher, die in Forschungsstationen wie dieser in der Antarktis arbeiten, sind sicher, dass sich die Erde erwärmt.

WÄRMERE WELT
Um 1900 begann die weltweite Durchschnittstemperatur zu steigen – zunächst langsam, aber seit den 1970er-Jahren immer schneller. Der Temperaturanstieg geht einher mit der Entwicklung der modernen Industrie, dem Wachstum der Großstädte und der wachsenden Menge an Brennstoffen wie Kohle und Erdöl, die wir verbrauchen, um Energie für Heizung, elektrischen Strom und Verkehr zu gewinnen.

SVANTE ARRHENIUS
In den 1890er-Jahren vermutete der Chemiker Svante Arrhenius, dass ein Rückgang der Vulkanausbrüche, bei denen Gase wie CO_2 in die Atmosphäre geschleudert wurden, die Ursache für die Eiszeiten sein könnte. Die Gase speichern Wärme, sodass sich die Erde abkühlt, wenn ihre Menge sinkt. Doch was würde passieren, wenn durch die industrielle Nutzung von Kohle mehr von diesen Gasen frei würden? Arrhenius erkannte, dass sich die Erde dadurch erwärmen würde – und entdeckte damit auch den Zusammenhang zwischen der Industrialisierung und der Nutzung von Brennstoffen mit der Veränderung der globalen Temperatur. Diese Verbindung hat dramatische Auswirkungen auf das Weltklima.

Der Treibhauseffekt

Ohne die Atmosphäre wäre die Erde eine leblose Felskugel. Die Atmosphäre versorgt alle Lebewesen mit lebenswichtigen Elementen wie Kohlenstoff, Stickstoff und Sauerstoff. Außerdem hält sie eine Temperatur aufrecht, die Leben ermöglicht. Die Luftschichten, die die Erde umgeben, sind zugleich Sonnenschutz und Isolierung, schirmen die schädlichen Sonnenstrahlen ab, speichern aber auch die Wärme, die sonst bei Nacht in den Weltraum entweichen würde. Das ist der sogenannte Treibhauseffekt. Ohne ihn wäre das Leben auf der Erde unmöglich, aber seine Zunahme bewirkt auch die globale Erwärmung.

WÄRMESPEICHER
Kurzwellige Sonnenstrahlen durchdringen die Atmosphäre und treffen auf die Erdoberfläche. Die Erde absorbiert diese Sonnenenergie, heizt sich auf und gibt die Wärme in Form von unsichtbarer, langwelliger Infrarotstrahlung wieder ab. Diese durchdringt die Atmosphäre nicht direkt, ein Großteil ihrer Energie wird durch Gase absorbiert, die sich dadurch erwärmen. Wie die Erdoberfläche geben auch sie einen Teil dieser Wärme in den Weltraum ab, doch strahlen sie auch einen Teil wieder zurück auf die Erde, sodass die Erdoberfläche wärmer bleibt, als das sonst der Fall wäre. Das ist der Treibhauseffekt. Die Gase, die ihn bewirken, nennt man Treibhausgase.

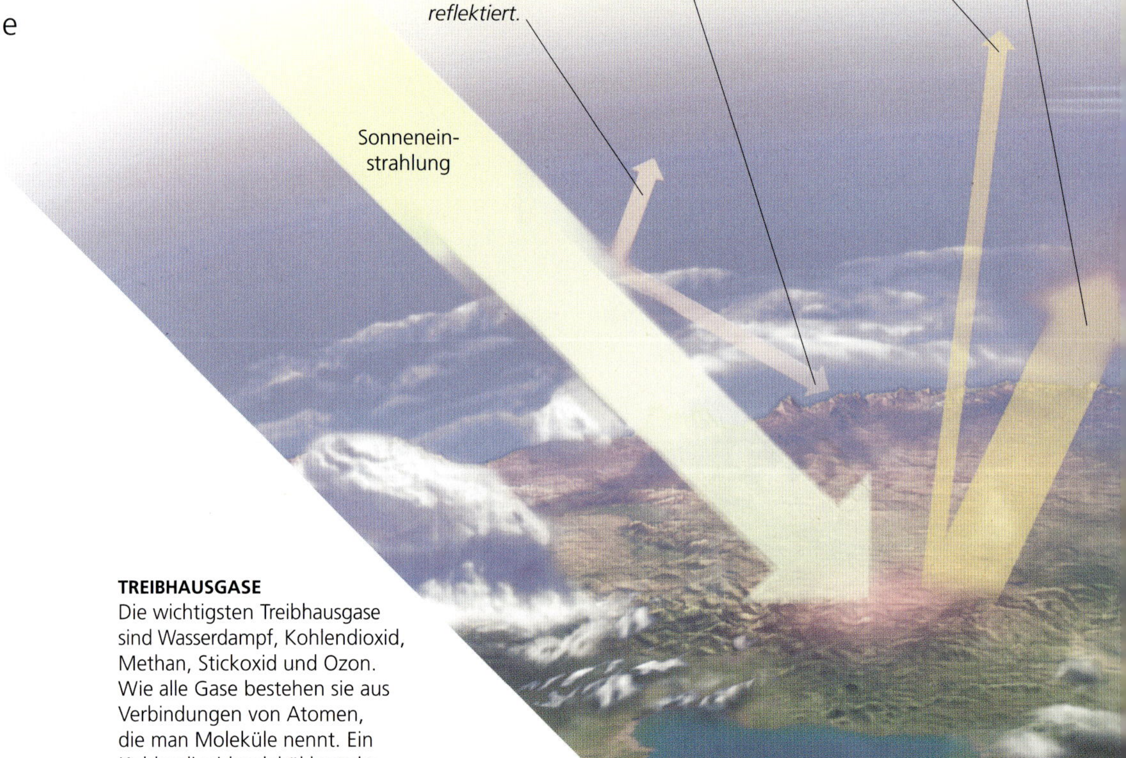

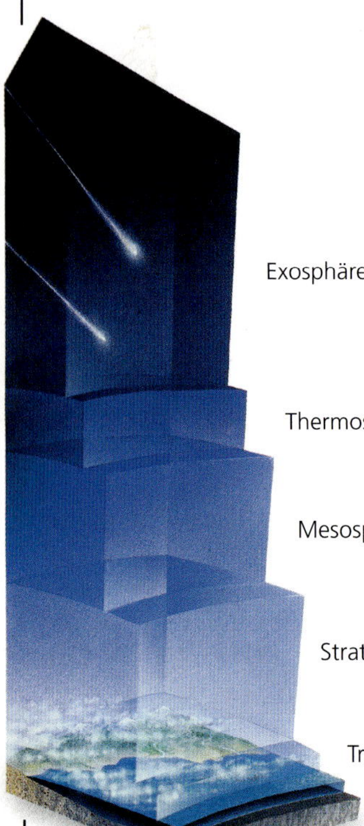

DIE ERDATMOSPHÄRE
Die Atmosphäre enthält v. a. die Gase Stickstoff und Sauerstoff, dazu kommen Kohlendioxid, Wasserdampf und andere Gase. Sie besteht aus mehreren Schichten, wobei sich die meisten Gase in der untersten Schicht, der Troposphäre, konzentrieren.

TREIBHAUSGASE
Die wichtigsten Treibhausgase sind Wasserdampf, Kohlendioxid, Methan, Stickoxid und Ozon. Wie alle Gase bestehen sie aus Verbindungen von Atomen, die man Moleküle nennt. Ein Kohlendioxidmolekül besteht aus einem Kohlenstoffatom und zwei Sauerstoffatomen. Ein Methanmolekül hat ein Kohlenstoffatom und vier Wasserstoffatome. Nicht alle Treibhausgase enthalten Kohlenstoff: Stickoxide bestehen aus Stickstoff und Sauerstoff, Wasserdampf aus Wasserstoff und Sauerstoff, und Ozon nur aus Sauerstoff.

Kohlendioxid (CO_2)

Wasserdampf (H_2O)

Methan (CH_4)

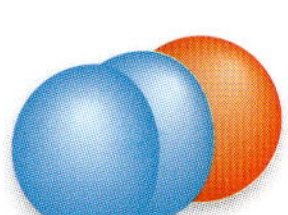
Distickstoffoxid (N_2O)

Ozon (O_3)

LEBENSRETTER

Wenn diese Rose noch lange dem Frost ausgesetzt ist, erfriert sie. Das Gleiche würde mit allen Lebewesen passieren, wenn die Erde über Nacht ihrer Atmosphäre beraubt würde. Die Tagestemperaturen wären sengend heiß, aber bei Nacht würden die Temperaturen weit unter den Gefrierpunkt fallen. Die weltweite Durchschnittstemperatur würde von 14 °C auf etwa –18 °C sinken. Ohne den Treibhauseffekt gäbe es auf der Erde kein Leben.

KALTER NACHBAR

Der Mond ist viel kleiner und leichter als die Erde. Deshalb hat er keine so große Schwerkraft, sodass jedes Gas, das aus seinem Innern austritt, einfach in den Weltraum entweicht, anstatt eine Atmosphäre zu bilden. Doch ohne Atmosphäre gibt es auch keinen Treibhauseffekt, bei dem die Sonnenwärme gespeichert wird. Deshalb ist die Durchschnittstemperatur des Mondes, obwohl er genauso dicht an der Sonne ist wie die Erde, viel niedriger. Das ist ein Grund dafür, dass es auf dem Mond kein Leben gibt.

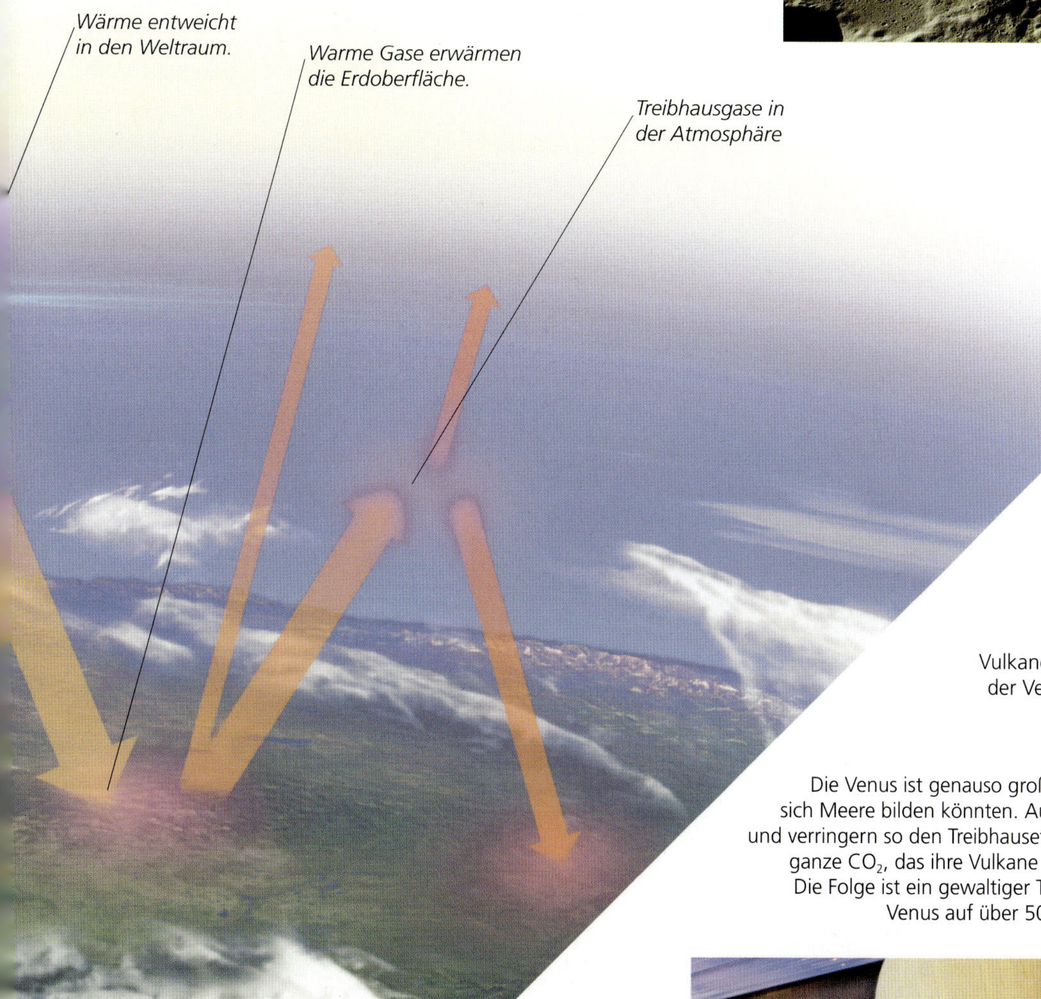

Vulkane auf der Venus

TREIBHAUSPLANET

Die Venus ist genauso groß wie die Erde, aber zu dicht an der Sonne, als dass sich Meere bilden könnten. Auf der Erde absorbieren die Meere CO_2 aus der Luft und verringern so den Treibhauseffekt. Da es auf der Venus keine Meere gibt, ist das ganze CO_2, das ihre Vulkane ausgestoßen haben, in der Atmosphäre geblieben. Die Folge ist ein gewaltiger Treibhauseffekt, der die Oberflächentemperatur der Venus auf über 500 °C aufheizt – heiß genug, um Blei zu schmelzen.

CHARLES KEELING

Von den Treibhausgasen der Atmosphäre ist CO_2 eines der wichtigsten. Es absorbiert sehr viel weniger Energie pro Molekül als andere Treibhausgase, etwa Distickstoffoxid oder Methan, aber es kommt auch in viel größeren Mengen vor. CO_2-Messungen, durchgeführt von dem US-Wissenschaftler Charles Keeling, zeigen, dass die Konzentration seit 1958 jedes Jahr zugenommen hat.

Der Ballon enthält eine Kohlendioxidprobe.

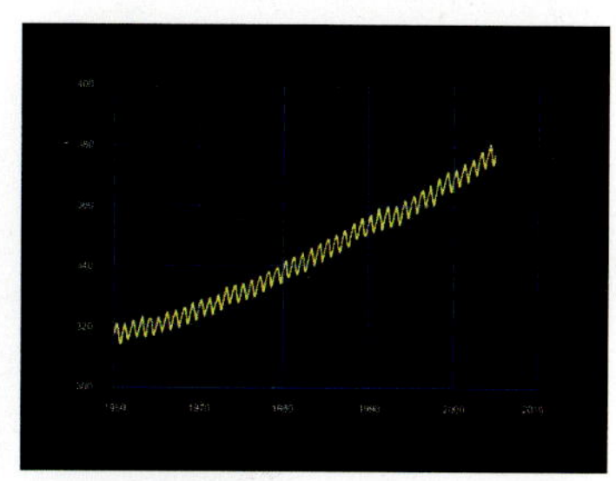

KEELING-KURVE

Keelings Messwerte zum CO_2-Gehalt der Atmosphäre bilden eine aufsteigende Zickzackkurve. Sie zeigt ein jährliches Auf und Ab. Der Abfall wird durch Pflanzen verursacht, die im nördlichen Sommer CO_2 aufnehmen. Doch die Tendenz der Kurve bleibt steigend, von 315 CO_2-Teilchen pro Million (ppm) im Jahr 1958 bis auf 380 heute.

Der Kohlenstoffkreislauf

In reiner Form kommt Kohlenstoff als Grafit vor (das „Blei“ in einem Bleistift) sowie in Diamanten. Vereinigt er sich mit Sauerstoff, bildet er CO_2, mit Wasserstoff bildet er Methan. Grünpflanzen nutzen CO_2, um Nahrung zu erzeugen. Sie nehmen es aus der Luft auf und verbinden es mithilfe von Sonnenenergie und Wasser zu einem Kohlenhydrat: Zucker. Der speichert Energie, und wenn er sich mit Sauerstoff verbindet, wird die Energie freigesetzt. Diese Reaktion wandelt den Zucker wieder in Wasser und CO_2 um. CO_2 wird auch durch Verbrennung und Zerfall freigesetzt, durch Meere absorbiert und abgegeben, im Kalkstein des Meeresbodens eingeschlossen und aus Vulkanen herausgeschleudert. So befindet sich der Kohlenstoff in einem Kreislauf, an dem alle Lebewesen, Atmosphäre, Meere und Gesteine beteiligt sind.

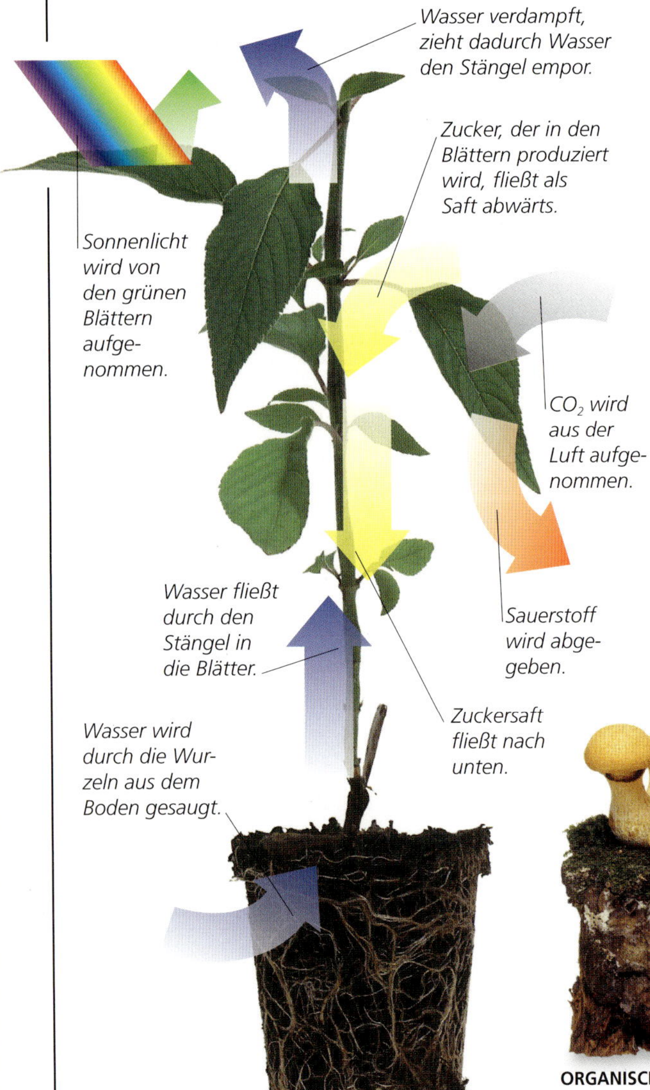

FOTOSYNTHESE
Grünpflanzen und Meeresplankton nutzen Sonnenenergie, um CO_2 und Wasser in Zucker umzuwandeln. Dieser Prozess, die Fotosynthese, setzt auch Sauerstoff frei. Zucker speichert die Sonnenenergie in chemischer Form, und fast alle Lebewesen auf der Erde benötigen diese Energie für ihre Gewebebildung und andere lebenswichtige Aktivitäten.

ATMUNG
Pflanzen und Tiere erschließen die in Zucker und anderen Kohlenhydraten gespeicherte Energie mithilfe von Sauerstoff, und die innere Atmung wandelt den Zucker wieder in CO_2 und Wasser um. Tiere atmen Sauerstoff ein, CO_2 und Wasserdampf aus – an einem kalten Tag ist das gut zu sehen.

ORGANISCHER ZERFALL
Pilze oder Bakterien sorgen in einem Zersetzungsprozess dafür, dass totes Gewebe wieder in den Kreislauf eingeht. Dabei verbindet sich der im Gewebe enthaltene Kohlenstoff meist mit Sauerstoff und kehrt als CO_2 in die Atmosphäre zurück. Bei einer anderen Variante verbindet sich Kohlenstoff mit Wasserstoff zu Methan.

KOHLENSTOFF-SPEICHER
Stirbt eine Pflanze oder ein Tier, beginnt der Zerfall in der Regel sofort, und der Kohlenstoff gelangt schnell wieder in die Luft. Doch manchmal geschieht etwas anderes: Tote Pflanzen, die in einen wasserreichen Sumpf absinken, verrotten oft nicht, sondern bilden tiefe Torfschichten. Nach und nach kann der Torf zu Kohle gepresst werden. So kann der Kohlenstoff Millionen von Jahren lagern.

Pflanzliche Materie

Torf

Braunkohle (weiche Kohle)

Kohle

Anthrazit (harte Kohle)

Die Blätter zerfallen.

Pflanzliche Materie wird konserviert.

Kohle besteht zu 85 % aus Kohlenstoff.

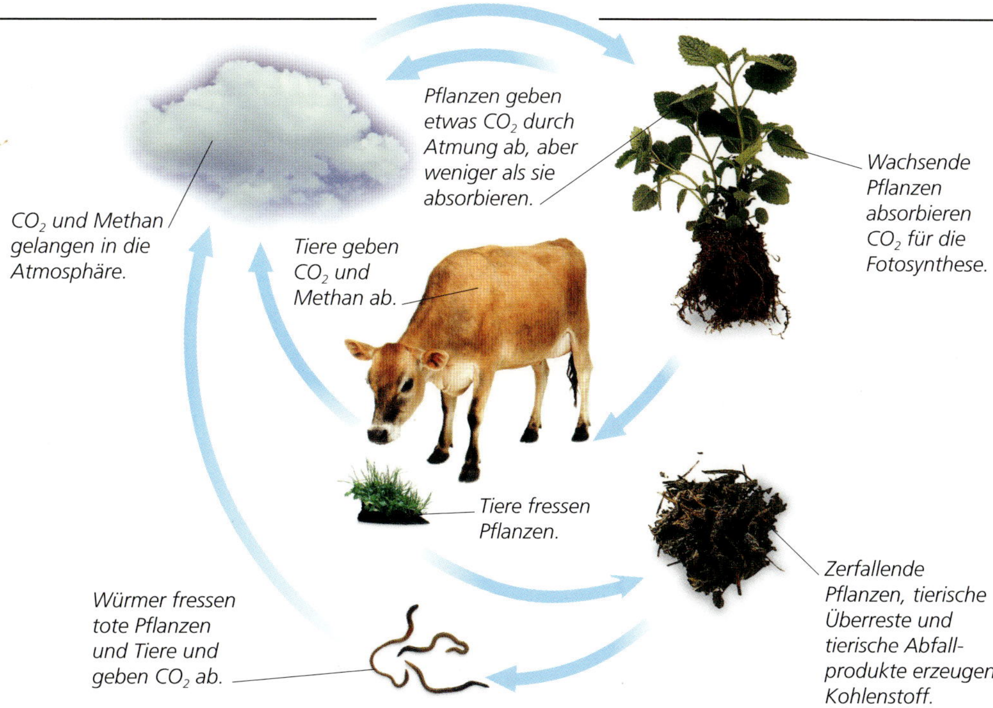

DER KOHLENSTOFFKREISLAUF
Lebewesen nehmen ständig Kohlenstoff auf und geben ihn wieder ab. Pflanzen und andere Fotosynthese betreibende Lebewesen absorbieren CO_2 und nutzen einen Teil des Kohlenstoffs, um ihr Gewebe zu bilden. Nach ihrem Tod wird der Kohlenstoff als CO_2 oder Methan wieder freigesetzt. Wenn Tiere Pflanzen fressen, nutzen auch sie einen Teil des Kohlenstoffs, um ihr Gewebe aufzubauen. Bis zu ihrem Tod geben sowohl Pflanzen als auch Tiere CO_2 ab, wenn sie bei der Atmung Zucker in Energie umwandeln.

GEFANGEN IM FELS
Regen löst CO_2 aus der Luft und bildet daraus schwache Kohlensäure. Fällt Regen auf silikathaltiges Gestein wie diesen Granit, verbindet sich der Kohlenstoff mit den Silikaten zu Karbonatmineralien. Die werden von Flüssen ins Meer transportiert, wo sie von Meeresorganismen aufgenommen werden. Nach deren Tod sinken die Überreste auf den Meeresgrund ab, wo sie z. B. Kalkstein bilden, der den Kohlenstoff Millionen von Jahren einschließen kann.

VULKANE
Kohlenstoff, der in der Erdkruste eingelagert ist, gelangt durch Vulkane in die Atmosphäre. Feuerfontänen wie die hier über dem Ätna in Sizilien schleudern geschmolzenes Gestein und Gase hervor, die CO_2 enthalten, das beim Schmelzen von Karbonatgestein freigesetzt wird. Jedes Jahr wird eine Menge CO_2 von Vulkanen ausgestoßen, doch wird es bei der Entstehung von Karbonatgestein wieder absorbiert.

ALLES UNTER KONTROLLE?
Zu Beginn der Erdgeschichte vor 3,5 Mrd. Jahren strahlte die Sonne viel weniger Energie ab als heute. Doch gewaltige Mengen CO_2, aus Vulkanen emporgeschleudert, verursachten einen starken Treibhauseffekt, der die Erde nicht mehr gefrieren ließ, sodass sich Leben entwickeln konnte. Im Lauf der Zeit nahm die Kraft der Sonne zu, gleichzeitig wurde der Großteil des atmosphärischen CO_2 von den Meeren aufgenommen, sodass der Treibhauseffekt ungefähr konstant blieb. Langfristig betrachtet, ist die Erde ein selbstregulierendes System.

Alles im Gleichgewicht

Langfristig wird die Sonnenenergie, die von der Erde geschluckt wird, durch die in den Weltraum abgestrahlte Energie ausgeglichen. Ein kurzfristiges Ungleichgewicht kann die Erde jedoch erwärmen oder abkühlen. Solche Schwankungen können zu Massenaussterben führen, wie dem der Dinosaurier vor 65 Millionen Jahren. Ist das Gleichgewicht erst einmal gestört, kann das weitere Veränderungen im Klimasystem der Erde auslösen, die man Rückkopplungen nennt: Negative Rückkopplungen gleichen Temperaturveränderungen aus, indem sie die Auswirkungen des Ungleichgewichts reduzieren. Positive Rückkopplungen verstärken das Ungleichgewicht und damit die Temperaturveränderungen. Wissenschaftler fürchten, dass ein stetiger Anstieg der weltweiten Temperatur positive Rückkopplungen auslösen könnte, durch die sich die Erde in den nächsten Jahrzehnten stark erwärmt – mit ernsten Folgen für uns alle.

NEGATIVE RÜCKKOPPLUNG
Wenn Sonnenlicht die Meeresoberfläche aufheizt, verdunstet Wasser und steigt als unsichtbarer Wasserdampf auf. Dabei kühlt es ab und bildet Wolken, die Schatten auf das Meer werfen, sodass es sich auch abkühlt. Nach und nach hören die Verdunstung und die Wolkenbildung auf, sodass die Sonne das Meer wieder aufheizen kann. Das ist ein Beispiel für die negative Rückkopplung.

POSITIVE RÜCKKOPPLUNG
Schnee oder Eis reflektieren die Sonnenenergie wie ein Spiegel, sodass weniger Wärme vom Erdboden geschluckt wird und sich noch mehr Eis bildet. Das ist der Albedo-Effekt, ein Beispiel für positive Rückkopplung, die Veränderungen eher verstärkt, als dass sie sie ausgleicht.

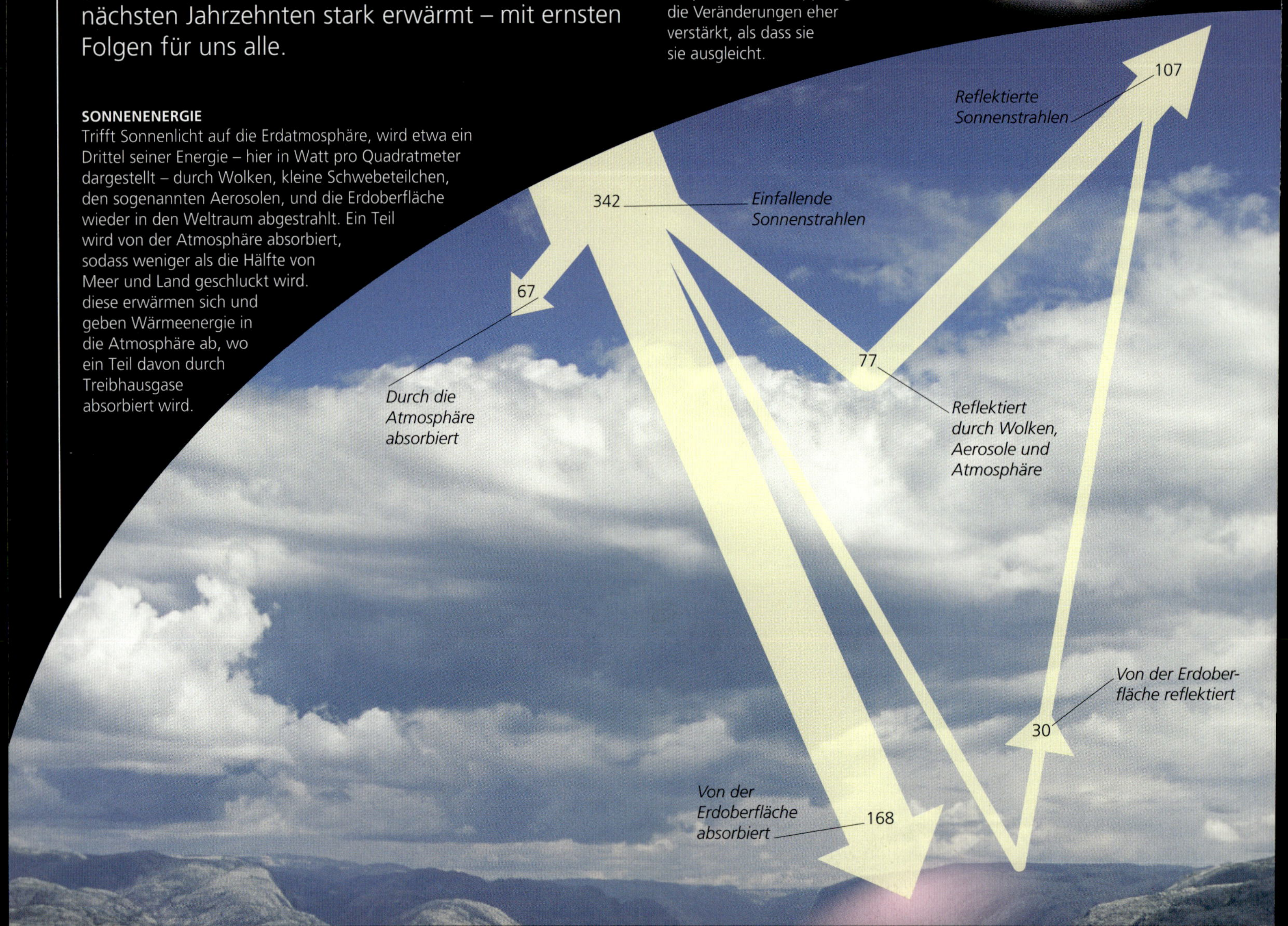

SONNENENERGIE
Trifft Sonnenlicht auf die Erdatmosphäre, wird etwa ein Drittel seiner Energie – hier in Watt pro Quadratmeter dargestellt – durch Wolken, kleine Schwebeteilchen, den sogenannten Aerosolen, und die Erdoberfläche wieder in den Weltraum abgestrahlt. Ein Teil wird von der Atmosphäre absorbiert, sodass weniger als die Hälfte von Meer und Land geschluckt wird. diese erwärmen sich und geben Wärmeenergie in die Atmosphäre ab, wo ein Teil davon durch Treibhausgase absorbiert wird.

AUF DER KIPPE
Stetige Veränderung kann plötzliche, dramatische Auswirkungen haben. Erwärmt man ein Gefäß mit Eiswürfeln von −10 °C um 1–2 °C pro Stunde, passiert überhaupt nichts, bis die Temperatur auf knapp über 0 °C ansteigt. Dann schmelzen alle Eiswürfel auf einmal. Klimaforscher fürchten, dass ein Anstieg der weltweiten Temperatur ähnliche Wendepunkte überschreiten könnte, wodurch plötzliche Veränderungen verursacht und positive Rückkopplungen ausgelöst werden, die den Prozess beschleunigen.

JAMES LOVELOCK
Der britische Wissenschaftler James Lovelock ist berühmt für seine Theorie, dass Lebewesen das Klima und die Chemie der Atmosphäre in ihrem eigenen Interesse regulieren. Langfristig sorgt ein Netz von negativen Rückkopplungen dafür, dass das Leben trotz Katastrophen und Massenaussterben weiter besteht. Die Theorie ist nach Gaia benannt, der griechischen Göttin der Erde.

KOHLENSTOFFAUFNAHME
Bei der Untersuchung des Treibhauseffekts sind Pflanzen und Plankton besonders wichtig, denn je mehr CO_2 es gibt, desto schneller wachsen sie und desto mehr nehmen sie auf. Hier werden Pflanzen in einem Glaskasten, dem CO_2 zugegeben wurde, aufgezogen, um ihre Reaktion zu testen.

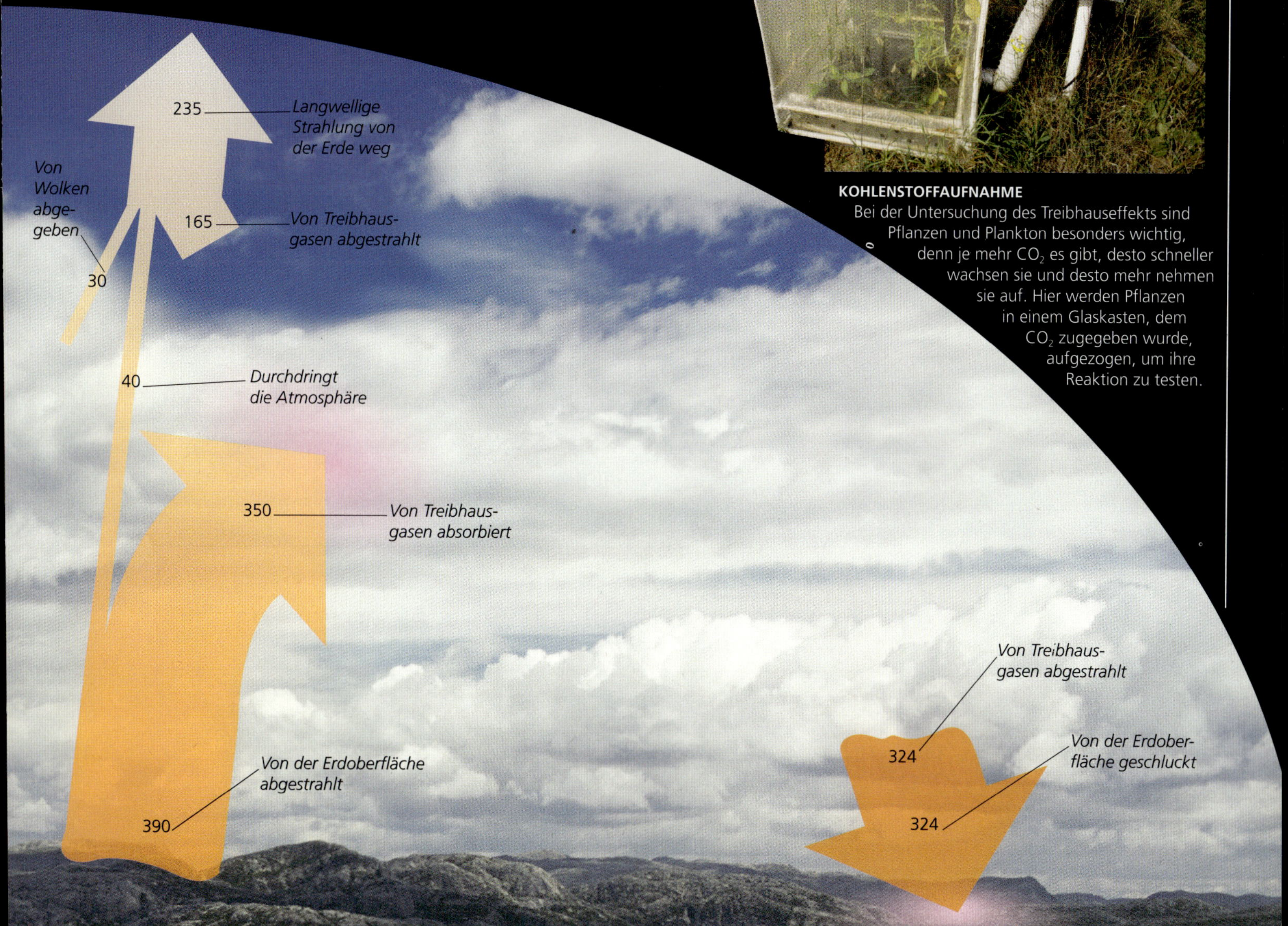

Natürlicher Klimawandel

Klimaforscher sind sich einig, dass der derzeitige Anstieg der weltweiten Durchschnittstemperatur durch den Menschen verursacht wird. Doch gab es Klimaveränderungen auch schon, bevor der Mensch überhaupt existierte. Ihre Auslöser sind natürliche Schwankungen in der Erdumlaufbahn um die Sonne, der Sonneneinstrahlung und Naturkatastrophen, etwa Vulkanausbrüche. Manche dieser Veränderungen scheinen durch positive Rückkopplungen noch dramatisch verstärkt worden zu sein. Es kann sein, dass so etwas wieder geschieht.

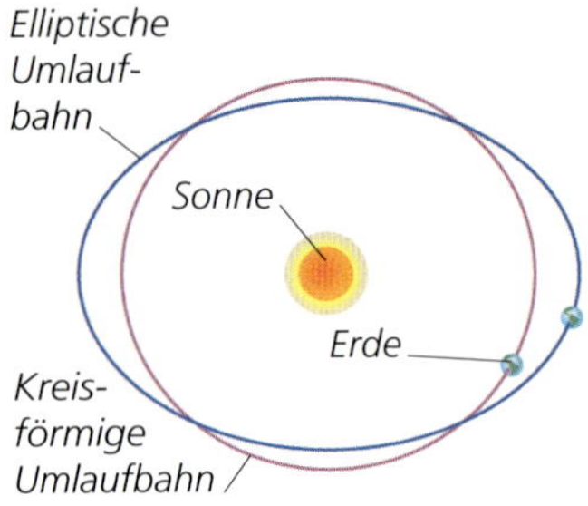

ZYKLEN DER UMLAUFBAHN
Das Klima der Erde verändert sich in Zyklen, die durch Schwankungen ihrer Umlaufbahn um die Sonne verursacht werden. Das sind die Milanković-Zyklen, benannt nach dem serbischen Astrophysiker, der sie berechnet hat. In einem 100 000-Jahre-Zyklus wird die Erdumlaufbahn von fast kreisrund zu elliptisch, was sich auf die Jahresdurchschnittstemperatur auswirkt.

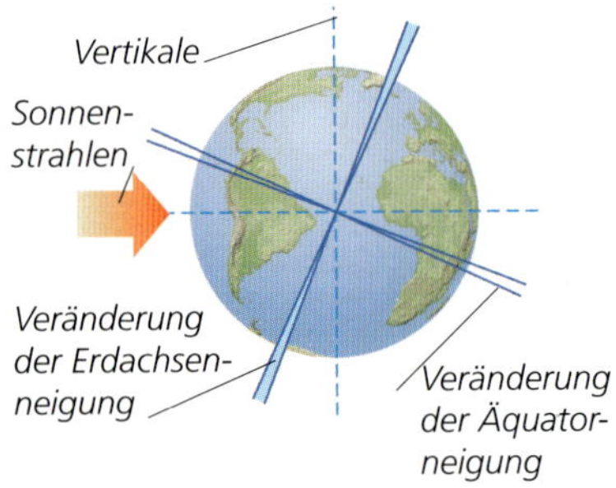

GANZ SCHÖN SCHRÄG
Alle 24 Stunden dreht sich die Erde um eine Achse, die zurzeit um 23,5° von der Vertikalen abweicht. Durch die Rotation haben wir Tag und Nacht, wegen der Neigung gibt es Sommer und Winter. Doch die Neigung verändert sich im Lauf eines 42 000-Jahre-Zyklus von 21,6° bis 24,5°. Dadurch ändert sich der Winkel, in dem das Sonnenlicht auf die Erde trifft, und dadurch wiederum verschieben sich die tropischen und polaren Zonen.

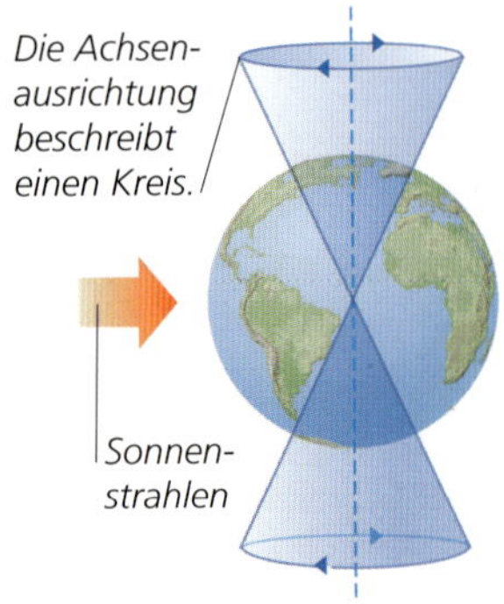

ACHSENDRIFT
Ein weiterer Zyklus verändert die Ausrichtung der Erdachse. Im Moment zeigt der Nordpol auf den Polarstern, doch driftet er ab und zeigt auf andere Sterne, um nach 25 800 Jahren den Kreis zu schließen. Das verändert die Jahreszeiten, sodass sich in der Mitte des Kreislaufs die Zeiten für Winter und Sommer umkehren.

EISZEITEN
Zum Teil wurden frühere Eiszeiten durch Veränderungen der Erdumlaufbahn ausgelöst. Wir leben jetzt in der Warmphase einer Eiszeit, die vor etwa 20 000 Jahren ihren Höhepunkt hatte. Eisfelder bedeckten den Norden, umrahmt von schneebedeckter Tundra, der Heimat von an die Kälte angepassten Tieren wie dem Wollmammut.

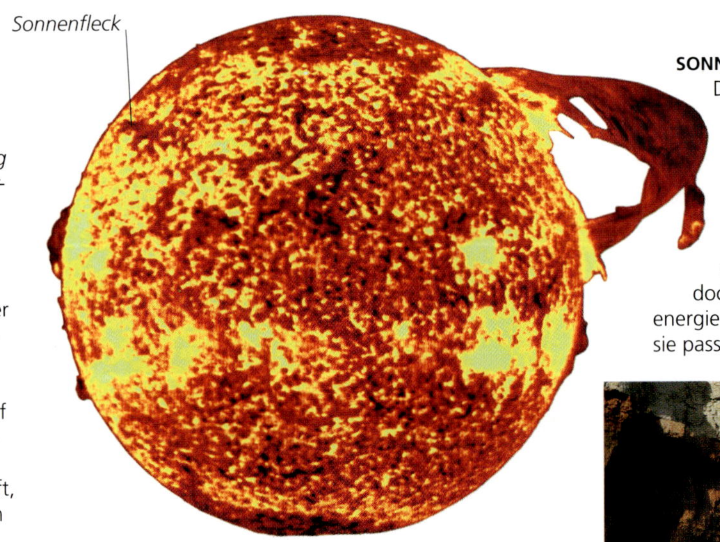

SONNENFLECKEN
Durch die Sonnenaktivität entstehen dunkle Flecken, sogenannte Sonnenflecken, die innerhalb hellerer Zonen auf ihrer Oberfläche, den Plages, erscheinen. Je mehr Sonnenflecken und Plages es gibt, desto mehr Energie strahlt die Sonne ab. Heute sind es mehr als zu Beginn des 19. Jh., doch sind die Schwankungen der Sonnenenergie, die sie verursachen, eher gering, und sie passen nicht zum derzeitigen Klimawandel.

ZEITREISE
Hinweise auf das Klima in ferner Vergangenheit sind im Gestein zu finden. Einige Felsen in der Sahara weisen Kratzer auf, die vor etwa 480 Mio. Jahren durch wanderndes Eis entstanden sind, und dicke Schichten von rotem Sandstein in Nordeuropa waren einmal Sanddünen, die sich in brennend heißen Wüsten auftürmten. Der Kreidefels auf dieser englischen Klippe entstand in einem tropischen Meer zur Zeit der Dinosaurier.

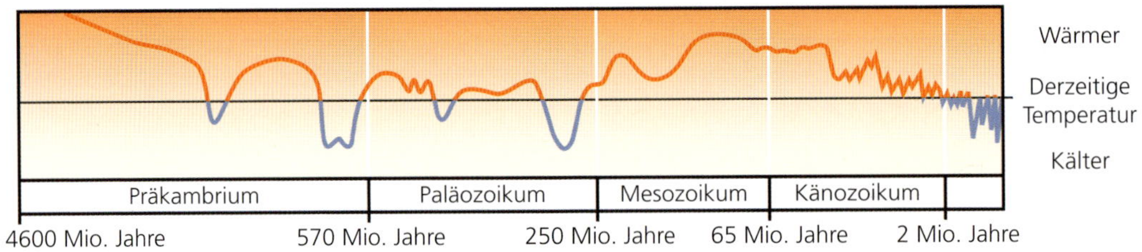

AUF LANGE SICHT
Die Durchschnittstemperatur der Erde hat sich stetig verändert, seit sie vor 4,6 Mrd. Jahren entstand. Von den Eiszeiten im Präkambrium und im Paläozoikum abgesehen, war sie zumeist wärmer als heute. Das Mesozoikum war eine Warmzeit, doch fielen die Temperaturen im Känozoikum wieder, bis sie die kältesten Phasen der derzeitigen Eiszeit erreichten.

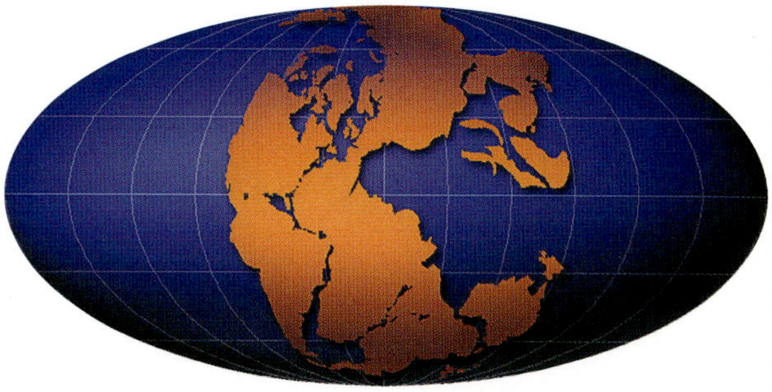

KONTINENTALDRIFT
Seit Millionen von Jahren schieben die Platten der Erdkruste die Kontinente in neue Positionen, wobei sich deren Klima verändert. Vor etwa 250 Mio. Jahren ist so der „Superkontinent" Pangäa entstanden, der ein sehr trockenes Wüstenklima hatte, weil der größte Teil sehr weit vom Meer entfernt war.

DER SOMMER DER SAURIER
Als im Mesozoikum vor 250 bis 65 Mio. Jahren die Dinosaurier umherstreiften, war das Weltklima eher warm. Gegen Ende dieser Ära war die weltweite Durchschnittstemperatur 5 °C höher als heute.

VULKANAUSBRÜCHE
Vulkane können Staub und Gas bis in die Stratosphäre schleudern. Zu diesen Gasen gehören CO_2, Wasserdampf und Schwefeldioxid. Wasser und Schwefel bilden Tröpfchen aus Schwefelsäure, die jahrelang durch die Stratosphäre schweben können, wobei sie die Sonne verdunkeln und eine Abkühlung um 1 °C oder mehr verursachen. CO_2 hingegen bleibt mehr als 100 Jahre in der Atmosphäre und verursacht eine globale Erwärmung. Gewaltige Ausbrüche in der Vergangenheit haben das Klima verändert, doch Ausbrüche in jüngerer Zeit wie der des Pinatubo (links) haben dafür nicht ausgereicht.

DIE KLEINE EISZEIT
Vom 14. Jh. bis etwa 1850 herrschte auf der Nordhalbkugel eine „kleine Eiszeit", die ihren Höhepunkt in der Mitte des 15. Jh. hatte. In Europa gab es schlechte Ernten, die Menschen hungerten. Viele Gemälde jener Zeit stellen die bitterkalten Winter mit ihren in Eis erstarrten Landschaften dar, wie das des holländischen Künstlers Hendrick Avercamp zu Beginn des 17. Jh. Die Ursache der kleinen Eiszeit ist noch unbekannt.

Der Einfluss des Menschen

Im letzten Jahrhundert ist die durchschnittliche Lufttemperatur weltweit um fast 0,8 °C gestiegen. Da sich die Erde in den 20 000 Jahren seit dem Höhepunkt der letzten Eiszeit nur um 4 °C erwärmt hat, bedeutet der jüngste Temperaturanstieg eine klare Aufwärtstendenz. Gleichzeitig hat die technologische Revolution enorm viel Energie verbraucht. Der größte Teil dieser Energie sind Treibstoffe, bei deren Verbrennung Kohlendioxid (CO_2) freigesetzt wird. Dadurch ist die Konzentration gestiegen. Der Anstieg entspricht ziemlich genau dem der weltweiten Lufttemperatur, daher ist es sehr wahrscheinlich, dass er durch unsere moderne Lebensweise verursacht wird.

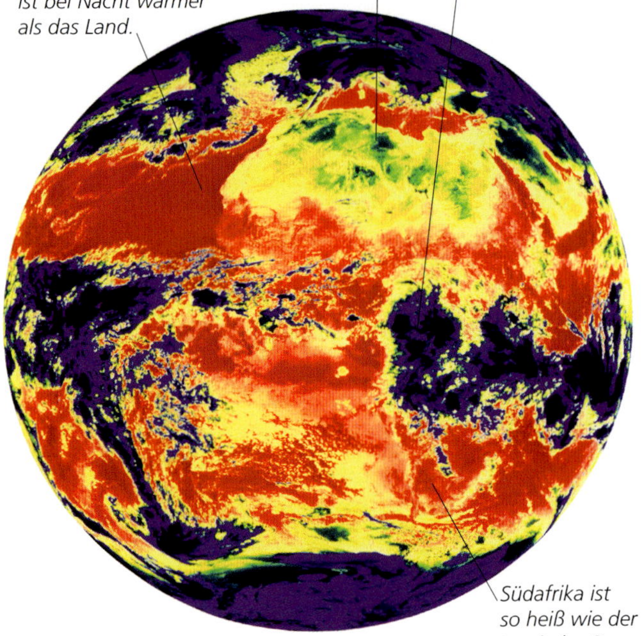

FIEBERMESSEN BEI DER ERDE
Weltweit wird die Temperatur aufgezeichnet. Sensoren im Weltraum können die Oberflächentemperatur ermitteln, wie auf diesem Infrarotbild der Erde zu sehen ist, das bei Nacht von einem Wettersatelliten gemacht wurde. Örtliche Temperaturen schwanken sehr im Lauf eines Jahres, doch wenn alle Ergebnisse zu einem weltweiten Temperaturdurchschnitt zusammengetragen werden, sieht man, dass sich die Erde erwärmt.

BLICK IN DIE VERGANGENHEIT
Wissenschaftler haben verschiedene Methoden, um aktuelle Temperaturwerte und Veränderungsraten mit denen aus der fernen Vergangenheit zu vergleichen. Wertvolles Material liefern die Eisbohrkerne – Eisproben, die in Grönland und in der Antarktis genommen werden. Darin sind Luftblasen enthalten, die im Lauf der letzten 650 000 Jahre eingeschlossen wurden. Die Atomstruktur des Sauerstoffs in diesen Blasen zeigt die örtliche Lufttemperatur in diesem Zeitraum an, und das kann weltweite Temperaturschwankungen widerspiegeln.

JAHRESRINGE
Einem Baumstamm wächst jedes Jahr eine Schicht neues Holz. In einem warmen Jahr ist sie dicker und in einem kalten dünner, sodass ein Muster von Ringen entsteht, dass die Abfolge von warmen und kalten Jahren verzeichnet. Kann einer dieser Ringe datiert werden, lässt sich an dem Muster das örtliche Klima während der Lebenszeit des Baumes ablesen. Manchmal sind das mehrere 1000 Jahre. Mit einer ähnlichen Methode untersucht man die Wachstumsringe an Korallen.

Die Elfenbeinmöwe ist durch den Rückgang des Eises bedroht.

EXTREM UND DURCHSCHNITT
Ein Temperaturanstieg um 0,8 °C in 100 Jahren scheint nicht viel zu sein, doch nimmt der Bestand einiger Tiere, darunter diese Elfenbeinmöwe, deswegen bereits ab. Der Wert ist ein Durchschnitt der weltweiten Temperaturänderungen. Mancherorts ist die Temperatur überhaupt nicht gestiegen. Andernorts, etwa in Teilen der Arktis, wo diese Möwe zu Hause ist, sind die Wintertemperaturen seit den 1950er-Jahren um bis zu 4 °C gestiegen, und das Eis, auf dem dieser Vogel seine Nahrung findet, ist geschmolzen.

SICHTBARER BEWEIS
Seit 1900 ist die weltweite Durchschnittstemperatur gestiegen, wie die blaue Kurve in der Grafik zeigt. Simuliert man nur natürliche Ursachen am Computer, steigt die daraus resultierende Temperatur – hier grün – nicht im selben Maß. Werden Einflüsse durch den Menschen hinzugefügt, zeigt der Computer die orangefarbene Kurve. Die enge Übereinstimmung mit der blauen Kurve beweist, dass menschliche Aktivitäten wie die Freisetzung von Treibhausgasen der Hauptgrund für die globale Erwärmung sind.

DER HAUPTVERDÄCHTIGE
Luftblasen, die in Eisbohrkernen eingeschlossen waren, zeigen, dass der Wert für CO_2 in der Luft im Jahr 1700 bei etwa 280 Teilchen pro Million (ppm) lag. Heute zeigen Luftproben, die mithilfe von Messgeräten, die an solchen Türmen befestigt sind, entnommen werden, dass sich dieser Wert auf 380 ppm CO_2 erhöht hat. Der Anstieg um 100 ppm CO_2 in der Atmosphäre hat wesentlich zu dem Treibhauseffekt, der die Erde warm hält, beigetragen, und er ist einer der Hauptgründe für den Anstieg der weltweiten Durchschnittstemperatur.

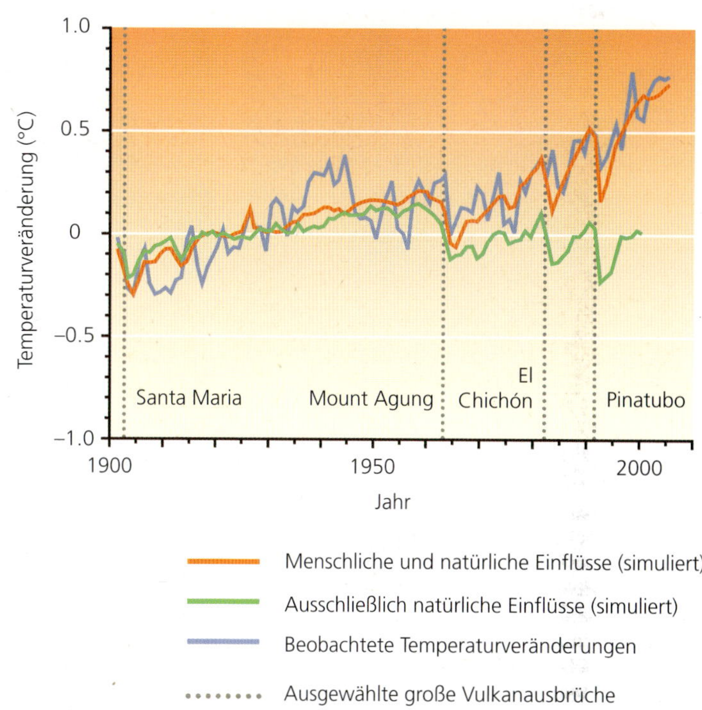

Brandrodung

Die Hauptursache für den Klimawandel ist der Anstieg von Treibhausgasen, vor allem von CO_2. Der Großteil des überschüssigen CO_2 wird bei der Verbrennung kohlenstoffhaltiger Treibstoffe freigesetzt. So wird auch Zucker in unserem Körper in Energie umgewandelt, nur wird die Energie dabei nicht als große Hitze frei. Seit Jahrtausenden nutzt der Mensch Holz, um zu heizen. Das gewaltige Bevölkerungswachstum hat die Holzmenge, die jedes Jahr für diese Zwecke verbrannt wird, enorm vergrößert. Gleichzeitig werden riesige Wälder abgeholzt und niedergebrannt, um Land für Ackerbau, Viehhaltung und Straßenbau zu gewinnen, vor allem in den Tropen. Das trägt zum Klimawandel bei, da der ganze Kohlenstoff, den die Bäume im Lauf ihres Lebens absorbiert haben, auf einmal frei wird.

KOHLENSTOFFSPEICHER
Ein Baum absorbiert CO_2 und wandelt es in Zucker, Pflanzenfasern und Holz um. Das Holz speichert Kohlenstoff, doch wenn der Baum abstirbt und zerfällt, wird der Kohlenstoff wieder freigesetzt. In alten Wäldern zerfallen Bäume genauso schnell, wie junge Bäume nachwachsen. So dienen diese Wälder zwar als Kohlenstoffspeicher, geben aber genauso viel CO_2 ab, wie sie aufnehmen.

Fackel zum Abbrennen des Waldes

AUS WALD WIRD WEIDE
Kann ein abgebrannter Wald wieder wachsen, nehmen die jungen Bäume das CO_2, das durch das Feuer freigesetzt wurde, wieder auf. Das kann jedoch über 100 Jahre dauern, weil junge Bäume nicht so viel CO_2 aufnehmen wie ausgewachsene. Wird das Land Weidefläche oder Ackerland, absorbieren die kleinen Pflanzen sogar noch weniger CO_2 – und wenn sie geerntet oder von Tieren abgeweidet werden, wird das in ihnen enthaltene CO_2 wieder frei.

VERBRANNTE ERDE
Fangen Bäume Feuer, verbindet sich der Kohlenstoff in ihrem Holz mit Sauerstoff und gibt Energie und CO_2 ab. Waldbrände sind Teil des natürlichen Kohlenstoffkreislaufs, und das CO_2, das dabei entsteht, wird schnell durch junge Bäume absorbiert. Doch wird ein Wald gerodet, verbrannt und nicht wieder aufgeforstet, wird der gesamte Kohlenstoff zu CO_2, das den Treibhauseffekt verstärkt.

KAHLSCHLAG
Riesige Flächen tropischen Waldes werden vernichtet. Brasilien hat seit 1990 über 423 000 km^2 Waldfläche verloren – eine Fläche so groß wie ganz Kalifornien –, und Indonesien fast 300 000 km^2. In dem Karibikstaat Haiti wurden über 95 % der Wälder gerodet, wodurch die Landschaft zur Wüste wurde. Dieses Foto zeigt die Grenze von Haiti, links im Bild, und der benachbarten Dominikanischen Republik, die noch über große Waldgebiete verfügt.

KAHL UND KÜHL
Werden Wälder abgeholzt, reflektiert der kahle Boden oft mehr Sonnenlicht als die Bäume zuvor, was eine Abkühlung bewirkt. Doch die freigelegten Flächen geben nun Treibhausgase wie CO_2, Stickstoffoxid und Methan ab. In Indonesien enthält der Boden der sumpfigen Tieflandwälder sehr viel wasserreichen Torf. Wird der Wald gerodet, kann der Torf austrocknen und zerfallen. Manchmal gerät er in Brand und gibt dabei noch mehr CO_2 ab. Insgesamt bewirken die Gase, die durch die Waldvernichtung frei werden, mehr als der abkühlende Effekt des kahlen Bodens.

Riesige Rauchwolke über Borneo

RAUCH UND RUSS
Den Rauch, den man hier im Jahr 2002 über Borneo sieht, haben Waldbrände verursacht. Rauch besteht aus Gasen und Ruß, die sich mit Wasserdampf verbinden und Wolken von kleinen Schwebeteilchen bilden, den Aerosolen. Die können Sonnenlicht absorbieren und reflektieren, was zu Abkühlung führt. Doch das gleichzeitig freigesetzte beständigere CO_2 trägt zum Treibhauseffekt bei.

NACHHALTIGER BRENNSTOFF
Holz kann u. a. mit folgender Methode als „kohlenstoffneutraler" Brennstoff genutzt werden: Äste werden von einem lebenden Baum abgeschnitten, sodass neue Schosse aus dem Stamm sprießen. Wird das Holz verbrannt, entsteht zwar CO_2, doch das wird gleich wieder vom nachwachsenden Holz aufgenommen.

Fossile Brennstoffe

Jahrtausendelang war Holz der wichtigste Brennstoff, mit dem man heizte, kochte und den man für die industrielle Metallverarbeitung nutzte. Doch im 18. Jahrhundert begann man, die energiereichere Kohle abzubauen. Kohle befeuerte die moderne Industrie ebenso wie die Eisenbahnen und die Dampfschiffe des 19. Jahrhunderts. Im 20. Jahrhundert gewann man aus Erdöl und Erdgas Treibstoff für Straßenfahrzeuge und Flugzeuge, und sowohl mit Kohle als auch mit Gas wird elektrischer Strom erzeugt. All das sind kohlenstoffreiche „fossile Brennstoffe", im Lauf von Millionen von Jahren aus längst abgestorbenen Organismen entstanden. Sie werden viel schneller verbrannt, als sie entstehen können, geben Kohlenstoff in die Atmosphäre ab und tragen zum Treibhauseffekt bei.

GESPEICHERTES SONNENLICHT
Fossile Brennstoffe sind die Überreste von Lebewesen, die vor der Zersetzung im Boden eingeschlossen wurden. Kohle besteht aus Pflanzen, enthält also die mithilfe des Sonnenlichts gewonnenen Kohlenhydrate. Demnach ist Kohle über Millionen von Jahren zusammengepresste gespeicherte Sonnenenergie.

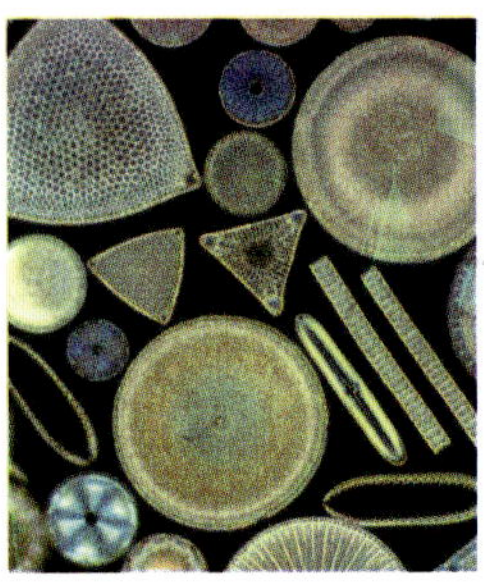

ERDÖL UND ERDGAS
Erdöl ist ein Kohlenwasserstoff, der nur die Elemente Wasserstoff und Kohlenstoff enthält. Man findet es in Gesteinen, die in seichten Meeresböden gebildet wurden, und es besteht aus den mikroskopisch kleinen Überresten von Plankton, wie diesen Kieselalgen, die in der gleichen Weise begraben und zusammengepresst wurden wie die Pflanzen, aus denen sich Kohle gebildet hat. So wie Erdöl entsteht auch Erdgas, größtenteils Methan.

INDUSTRIELLE REVOLUTION
Kohle, eine reichlich vorhandene, transportable Energiequelle, veränderte die Industrie von Grund auf. Die Menschen mochten den Rauch und die Rußverschmutzung nicht, aber einige genossen den Wohlstand, den sie ermöglichte. Das produzierende Gewerbe hatte seine Blütezeit, mit ihm wuchsen die Städte, und die Menschen waren weniger abhängig von der Landwirtschaft. Kohle schuf die moderne Gesellschaft.

KOHLEBERGBAU
Wo Kohle dicht an der Erdoberfläche liegt, kann man sie im Tagebau fördern. Die Minen hinterlassen riesige Löcher in der Landschaft, wie hier in Wyoming (USA). Tiefere Kohleflöze werden ausgebeutet, indem man lange Schächte anlegt, die zu Tunnels führen, in denen die Bergleute mithilfe von Spezialgerät die Kohle abbauen.

ÖLFÖRDERUNG
Die erste Ölquelle der Welt wurde 1847 in Baku am Kaspischen Meer erschlossen. Doch erst zu Beginn des 20.Jh., als eine raffinierte Form von Öl als Treibstoff für Autos genutzt wurde, kam die Ölindustrie richtig in Schwung. Heute werden Erdöl und Erdgas aus Lagerstätten in der ganzen Welt gefördert, an Land und im Meer, wo sie mithilfe von Bohrinseln wie dieser in der Nordsee aus dem Meeresboden gepumpt werden.

KONZENTRIERTES CO_2
Verbrennt man Kohle oder einen anderen fossilen Brennstoff, wird dessen Energie als Wärme freigesetzt. Dabei verbindet sich aber auch der Kohlenstoff mit Sauerstoff zu CO_2. Das beschleunigt den Kohlenstoffkreislauf, weil große Mengen uralten Kohlenstoffs oxidieren, deren „Recycling" natürlicherweise Millionen Jahre gedauert hätte. Das CO_2 strömt viel schneller in die Atmosphäre, als es durch natürliche Prozesse gebunden werden kann, sodass sich die Konzentration von CO_2 in der Luft erhöht.

SCHMUTZIGE KOHLE
Die fossilen Brennstoffe geben unterschiedliche Mengen CO_2 ab: Kohle am meisten, gefolgt von Erdöl, dann Erdgas. Kohle enthält zudem Ruß und Schwefeldioxid, die sich mit Wasserdampf zu Smog und saurem Regen verbinden können. 1952 kamen in London durch dichten Smog bis zu 12 000 Menschen ums Leben. Daraufhin wurden Kohlefeuer in der Stadt verboten.

Kultur des Kohlenstoffs

Die moderne Gesellschaft funktioniert mit fossilen Brennstoffen. Sie treiben unsere Autos, Lkws, Züge, Schiffe und Flugzeuge an. Sie halten unsere Industrie in Gang, heizen unsere Häuser und erzeugen den größten Teil des elektrischen Stroms. Aus Erdöl macht man die Kunststoffe, aus denen fast alles besteht, von der Lebensmittelverpackung bis zum Computer. Sie sind kaum wegzudenken, doch unsere Abhängigkeit von fossilen Brennstoffen ist der Hauptgrund, dass so viel CO_2 in die Atmosphäre gelangt.

VERHEIZT
In kalten Wintern braucht man Brennstoff zum Heizen. Manche Menschen nutzen offene Kohlefeuer, doch haben die meisten Häuser heute eine Zentralheizung, die mit Kohle, Öl, Gas oder Strom betrieben wird. Gas wird auch zum Kochen verwendet. Strom wird z. T. ohne fossile Brennstoffe erzeugt, doch für alles andere braucht man sie. Da sie CO_2 abgeben, tragen sie zum Klimawandel bei.

KRAFTWERK
In den Industrieländern wird ein Großteil des Stroms mithilfe von fossilen Brennstoffen gewonnen. In Großbritannien etwa werden drei Viertel des Stroms durch Kohle, Gas und Öl erzeugt. In einem Kraftwerk heizt der Brennstoff einen Kessel auf, der Wasser in Dampf umwandelt. Der Dampf treibt mit Hochdruck eine Turbine und die sich drehende Turbine treibt den Stromgenerator. Der Dampf der Turbine wird gekühlt, um ihn wieder in Wasser für den Kessel umzuwandeln.

STÄNDIG UNTER STROM
Ein mit Kohle betriebenes Kraftwerk braucht eine riesige Menge Brennstoff. So erzeugt das Kingston-Kraftwerk im US-Staat Tennessee genug Strom für 700 000 Haushalte. Um diesen Bedarf zu decken, verbrennt es täglich mehr als 14 000 Tonnen Kohle – genug, um 140 von diesen großen Güterwagen zu füllen. In einem Jahr summiert sich das auf über 51 000 Güterwagen voll Kohle – daraus könnte man einen Zug von über 500 km Länge bilden!

Boeing 767

LEBENSWICHTIGE VERSORGUNG
Wir verbrauchen gewaltige Mengen an Strom für Verkehrsmittel, Beleuchtung, Heizung und Klimaanlagen sowie für unsere Haushaltsgeräte. Ohne Strom sind Computer nutzlos, und so ziemlich alles, was wir heute tun oder kaufen, hat in irgendeiner Form mit Computern zu tun. Die Banken, Unternehmen und sogar Regierungen dieser Welt stützen sich auf elektronische Kommunikation, und Verkehrsüberwachungsräume wie dieser wären ohne sie undenkbar. Auch für die Versorgung mit Lebensmitteln und Trinkwasser brauchen wir Strom.

UNTERWEGS
Gegen Ende des 19. Jh. wurde das Auto erfunden und heute sind wir fast alle darauf angewiesen. Fast alle Autos laufen mit Kohlenwasserstofftreibstoffen, die aus Öl gewonnen werden. Ihre Motoren sind viel sparsamer als früher, aber ihr durchschnittlicher Treibstoffverbrauch ist nicht gesunken, weil die meisten Autos so schwer und leistungsstark sind: 1910 lief das amerikanische Modell T von Ford (oben) mit zehn Litern Benzin fast 90 km – mit der gleichen Benzinmenge kommt ein amerikanisches Durchschnittsauto von heute gerade mal 74 km weit.

SCHIENENWEGE
Mit Kohle befeuerte Dampfloks sind veraltet, aber es sind noch viele Diesel- oder dieselelektrische Loks (links) im Einsatz, die mit fossilen Brennstoffen laufen. Die meisten Strecken werden mit Strom betrieben, der mithilfe fossiler Brennstoffe, darunter Kohle, erzeugt wurde, sodass letztlich viele elektrische Züge nach wie vor mit Kohle angetrieben werden. Allerdings ist die Bahn sparsamer im Verbrauch als der Straßenverkehr, v. a., wenn sie schwere Güter transportiert: Der Transport von 1000 kg Frachtgut über 100 km auf der Straße erzeugt etwa 18 kg CO_2, der auf der Schiene nur etwa 1,5 kg.

Düsentriebwerk stößt CO_2 und andere Schadstoffe aus.

FLUGREISEN
Düsenflugzeuge sind zu einem sehr großen Teil für den Ausstoß von CO_2 und anderen Schadstoffen, etwa Stickoxiden, verantwortlich. Diese Schadstoffe haben eine extrem starke Wirkung, weil sie in so großer Höhe freigesetzt werden. Kurzstreckenflüge sind besonders schädlich, weil der größte Teil der Reise daraus besteht, die Flughöhe zu erreichen, wobei die Triebwerke mit voller Leistung laufen. Bei einem Flug von 300 km wird pro Passagier bis zu 12-mal mehr CO_2 ausgestoßen als bei einer Zugfahrt.

MEILENWEIT FÜR LEBENSMITTEL
Ein Großteil unserer Lebensmittel kommt aus dem Ausland, weil einige nicht von heimischen Bauern erzeugt werden können. So wachsen Bananen nur in tropischem Klima, kühlere Länder müssen sie importieren. Doch importieren wir auch einheimische Lebensmittel, meistens dann, wenn für die heimische Produktion gerade keine Saison ist. Ihr Transport verbraucht eine Menge Treibstoff, v. a. bei Luftfracht.

Noch mehr Probleme

Die Vernichtung der Wälder und die Nutzung fossiler Brennstoffe sind nicht die einzigen Ursachen für den Klimawandel. Auch andere Faktoren des modernen Lebens, die CO_2 und andere Treibhausgase wie Methan, Stickoxid und Fluorchlorkohlenwasserstoffe (FCKW) erzeugen, tragen dazu bei. Diese anderen Gase werden in viel kleineren Mengen freigesetzt als CO_2, haben aber schwerwiegende Folgen. So hat ein Methanmolekül die gleiche Wirkung wie 25 CO_2-Moleküle. Auch Ruß und andere Formen der Luftverschmutzung beeinflussen das Klima, da sie Sonnenlicht reflektieren oder absorbieren, wobei sie sowohl Abkühlung als auch Erwärmung bewirken.

RINDVIEH
Unser Appetit auf Rindfleisch hat zu einer vermehrten Rinderhaltung geführt, v. a. in den Tropen. Doch Kühe produzieren bei ihrer Verdauung sehr viel Methangas, setzen weltweit bis zu 100 Mio. t im Jahr frei.

Rindfleischburger

REISANBAU
Etwa 10–15 % des weltweiten Methanausstoßes kommen von Reisfeldern. Mikroben im Boden der überschwemmten Felder absorbieren den Kohlenstoff, den die Reispflanzen abgeben, und wandeln ihn in Methan um, das dann in die Atmosphäre entweicht.

ZEMENT UND KOHLENSTOFF
Zementfabriken wie diese gewinnen Zement aus Kalkstein. Bei diesem Prozess wird der Stein in Kalziumoxid und Kohlendioxid umgewandelt. Der Kalkstein wird pulverisiert und auf etwa 1450 °C erhitzt, was sehr viel Brennstoff erfordert. Insgesamt werden bei der Herstellung und beim Transport jedes Sacks Zement in etwa das gleiche Gewicht an CO_2 in die Atmosphäre abgegeben.

Lebensmittelabfälle setzen Methan frei.

Plastik und Metall verrotten nicht.

MÜLLBERGE
Industrieländer produzieren enorme Mengen Müll. Viel davon wird verbrannt, wobei CO_2 und andere Gase freiwerden. Doch sehr viel mehr wird auf Mülldeponien vergraben, wo wegen mangelnder Luftzufuhr kein normaler Zerfallsprozess ablaufen kann. Stattdessen werden die Lebensmittelabfälle und andere organische Überreste durch Bakterien zersetzt, die keinen Sauerstoff brauchen. Die geben den Kohlenstoff in Form von Methan, einem extrem starken Treibhausgas, in die Luft ab.

STICKSTOFFOXID
Das ist ein relativ seltenes, aber sehr wirksames Gas, etwa 300-mal so stark wie CO_2. Es wird auf natürliche Weise durch Bodenbakterien erzeugt, doch kann freigelegter Boden die doppelte Menge des Normalen abgeben. Es wird auch durch Kunstdünger freigesetzt, den Bauern auf ihren Feldern verteilen.

Kühlschränke werden entgast, bevor man sie verschrottet.

FLUORCHLORKOHLENWASSERSTOFFE (FCKW)
Künstliche Gase wie FCKW sind als starke Treibhausgase bekannt. FCKW wurden als Kühlmittel in Kühlschränken verwendet. Wenn alte Kühlschränke entsorgt werden, muss das Gas sorgfältig ausgeleitet werden, damit es nicht in die Atmosphäre entweicht.

AEROSOLE
Bei manchen Formen der Luftverschmutzung entstehen Wolken aus kleinen Teilchen, die man Aerosole nennt. Sie können das Sonnenlicht absorbieren oder reflektieren und es so abschwächen. Das hat den Treibhauseffekt verringert. Eine Reduzierung der Luftverschmutzung kann die Erwärmung also sogar beschleunigen.

Lastwagen holen den Müll aus den Städten.

Der Müll wird abgeladen, zusammengepresst und zugedeckt.

REFLEKTIERENDE OBERFLÄCHEN
Ruß schlägt sich sogar auf arktischen Eis- und Schneeflächen nieder, sodass sie dunkler werden und nicht mehr so viel Sonnenlicht reflektieren. Stattdessen schluckt der Boden die Energie und erwärmt sich, die Temperaturen in der Arktis steigen und der Schnee und das Meereis schmelzen.

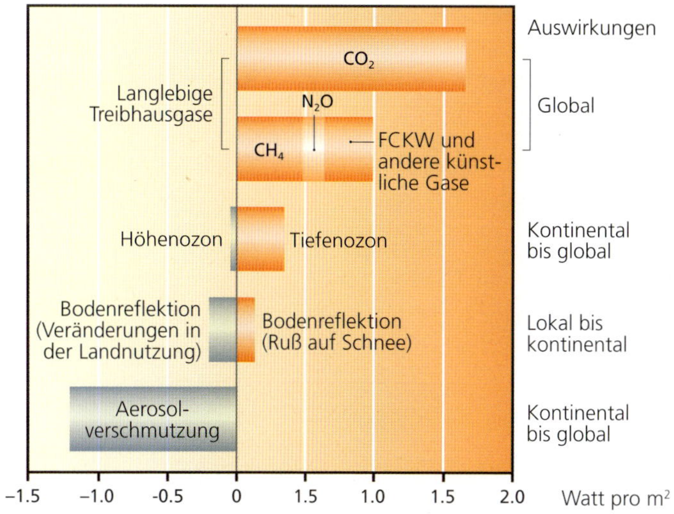

ERWÄRMUNG UND ABKÜHLUNG
Diese Grafik zeigt die Hauptgründe für den Klimawandel. Zu den erwärmenden Faktoren gehören Kohlendioxid (CO_2), Methan (CH_4), Stickstoffoxid (N_20), künstliche Gase wie die FCKW und Tiefenozon. Rußverschmutzung auf Schnee ist ebenfalls ein erwärmender Faktor. Eine veränderte Bodennutzung und Luftverschmutzung haben eine abkühlende Wirkung, hier blau dargestellt.

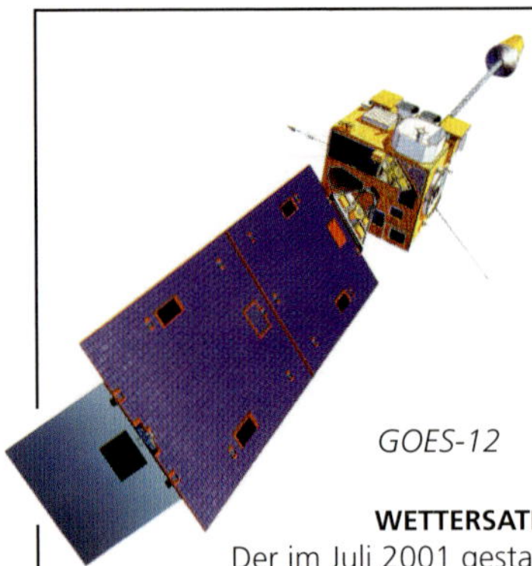

GOES-12

WETTERSATELLIT
Der im Juli 2001 gestartete Umweltsatellit *GOES-12* ist einer von vielen mit Fernmessgeräten ausgestatteten Satelliten in der Erdumlaufbahn, die Wetterbedingungen in der unteren Atmosphäre, 36 000 km tiefer, beobachten sollen.

Hitzewellen und Dürrezeiten

Wissenschaftler können weltweit gesammelte und von Satelliten in der Erdumlaufbahn übermittelte Wetter- und Klimadaten auswerten, sie mit früheren Aufzeichnungen vergleichen und berechnen, um wie viel sich die Erde erwärmt hat. Doch viele Menschen erleben den Klimawandel ganz unmittelbar: Sie leiden unter Hitzewellen, die tödlich sein können, und unter Dürreperioden, die zu Trinkwasserknappheit führen, ihre Ernten und ihr Vieh vernichten und fruchtbares Land in Wüste verwandeln. Einige dieser Dürren haben natürliche Ursachen und Wüsten können auch durch Überweidung entstehen. Doch besteht kaum ein Zweifel, dass Perioden mit bedrohlich heißem oder trockenem Wetter immer häufiger werden.

HITZEWELLEN
Extrem hohe Temperaturen kommen immer häufiger vor. Dabei geht es nicht nur um die höchsten Tagestemperaturwerte seit Beginn der Wetteraufzeichnungen, sondern auch um lange Phasen dauerhaft hoher Temperaturen, sogenannter Hitzewellen. Während der Hitzewelle in Europa im August 2003 litt Paris neun Tage ununterbrochen unter Temperaturen von über 35 °C. Der 10. August des Jahres war mit einem Höchstwert von 38,1 °C der heißeste Tag, der jemals in London verzeichnet wurde, und in Amareleja in Portugal wurden 47,3 °C gemessen. Diese junge Frau verschafft sich während einer Hitzewelle, die im Juli 2007 Tschechien heimsuchte, ein wenig Abkühlung an einem Brunnen.

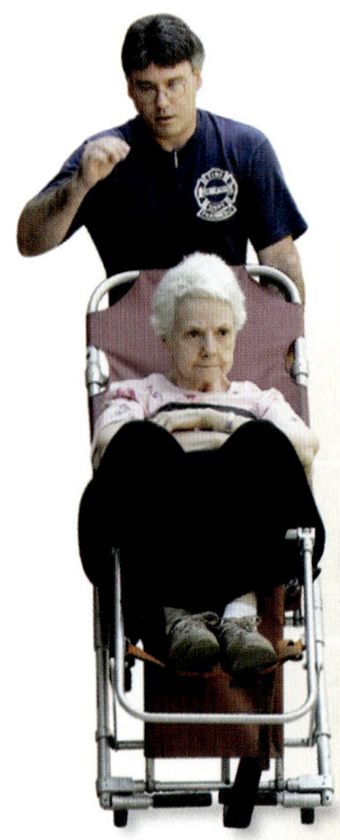

DER MENSCH ZAHLT DIE ZECHE
Hitze kann tödlich sein, vor allem, wenn sie Tag und Nacht anhält. Im Süden der USA bekämpft man die Hitze mit Klimaanlagen – die ihrerseits zum Klimawandel beitragen. In Gebieten, in denen die Menschen nicht so gut gegen die Hitze gerüstet sind, sind sie anfälliger. Alte Menschen sind die Ersten, die zu leiden haben, weil ihr Körper die Hitze nicht so leicht abgeben kann. In Italien war die Hälfte der 700 Todesopfer in Rom bei der europäischen Hitzewelle von 2003 über 85 Jahre alt – in ganz Europa sollen durch die Hitze 50 000 Menschen ums Leben gekommen sein.

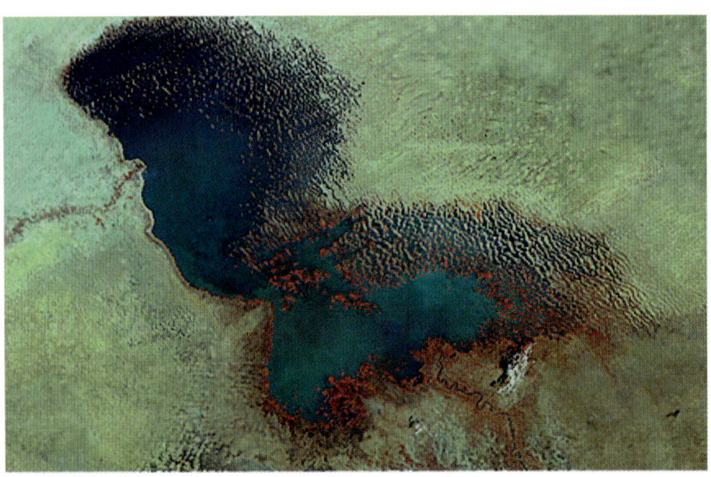

1973

2001

SCHWINDENDE SEEN
Hitze lässt das Wasser aus dem Erdboden verdunsten und der Boden trocknet aus. Wird die Feuchtigkeit nicht durch Regen ersetzt, sinkt der Grundwasserspiegel und zieht Wasser aus Seen ab. Menschen verschlimmern das Problem dadurch, dass sie Wasser in Bewässerungssysteme abzweigen, um ihre Ernten zu retten. In den letzten 40 Jahren haben diese Faktoren das Beinah-Verschwinden des Tschadsees an den Ausläufern der Sahara bewirkt. Hier sieht man den See auf zwei Satellitenbildern, die im Abstand von 28 Jahren aufgenommen wurden. Heute hat er nur noch ein Zwanzigstel seiner ursprünglichen Größe.

VERWÜSTUNG
Fällt nicht genug Regen, um die Verdunstung auszugleichen, wird der Boden nach und nach zu Staub. Dieser Prozess kann durch schlechte Bewirtschaftung beschleunigt oder gar verursacht werden, wie im amerikanischen Mittelwesten in den 1930er-Jahren oder, in jüngerer Zeit, in der Sahelzone an den südlichen Ausläufern der Sahara in Afrika. Doch fällt die Regenmenge unter die kritische Marke, wird auch gut bewirtschaftetes Land zur Wüste. Das könnte in Ost- und Südostaustralien passieren, wo die Regenmenge im Jahr 2006 zu den geringsten seit Beginn der Aufzeichnungen gehörte. Geringe Regenfälle sind auch für die Ausdehnung der zentralasiatischen Wüste Gobi verantwortlich, die Staubstürme über große Gebiete in China und in der Mongolei treibt. Diese mongolische Frau trägt mitten in einem solchen Sturm Wasser nach Hause.

Der Schal schützt die Frau während des Sturms vor dem aufgewirbelten Staub.

AUSGETROCKNETE FLÜSSE
Durch einen Rückgang der Regenmenge trocknen manche Flüsse aus. 2005 gehörte auch der größte Fluss der Welt, der Amazonas, dazu, mit der größten Austrocknung seit 40 Jahren. Viele seiner Nebenflüsse schrumpften auf einen Bruchteil ihrer normalen Breite und große Flächen getrockneten, rissigen Schlamms traten zutage. Der Rio Negro, der wichtigste nördliche Nebenfluss des Amazonas, sank auf sein niedrigstes Niveau seit Beginn der Aufzeichnungen im Jahr 1902.

DÜRRE UND HUNGER
Viele Menschen, die in trockenen Wüstenrandgebieten leben, sind von saisonalen Regenfällen abhängig, die ihre Ernten gedeihen lassen und Wasser für das Vieh bringen. Fallen diese Regenfälle infolge veränderter Wettermuster aus, können Feldfrüchte und Tiere eingehen, wie hier in Südäthiopien im Jahr 2006. Dann haben die Menschen nichts mehr zu essen und eine Hungerkatastrophe droht.

WALDBRÄNDE
Die Feuerwehr versucht, das Haus vor einem Waldbrand zu retten, der bei sehr heißem und trockenem Wetter entfacht wurde. In Gebieten wie Australien können viele Pflanzen Brände überstehen, doch während langer Dürreperioden kann sich das Brandrisiko auf Gebiete ausdehnen, deren Vegetation nicht an Feuer angepasst ist. In Amazonien ist der Boden infolge von Dürre und Waldrodung so trocken, dass Brände durch Wälder toben, die bisher davon verschont waren.

Das Eis schmilzt

In kalten Klimazonen türmt sich Schnee auf und wird zu festem Eis gepresst. Es bilden sich Berggletscher und polare Eisfelder. Im Winter frieren die Polarmeere an der Oberfläche zu, Packeis entsteht. Doch ein großer Teil davon schmilzt. Arktisches Packeis schwindet, antarktisches Schelfeis fällt in sich zusammen und Berggletscher ziehen sich zurück. In den polaren Randzonen taut Eis, das tief im Boden liegt, was die Tundra verändert.

SCHWINDENDES MEEREIS
Im Winter ist ein Großteil des Arktischen Ozeans mit Packeis bedeckt, das bis zu 3 m dick ist und etwa so groß wie die USA. Die Hälfte dieser Fläche schmilzt im Sommer, in der Mitte bleibt der Arktische Ozean gefroren. Seit 1979 ist die Sommereisfläche um etwa 1,5 Mio. km² geschrumpft – eine Fläche etwa doppelt so groß wie Texas. In den 1990er-Jahren hat auch die durchschnittliche Dicke um 1 m abgenommen.

Eis reflektiert die Sonnenenergie wie ein Spiegel.

Dunkles Wasser absorbiert Energie und erwärmt sich.

ES SCHMILZT IMMER SCHNELLER
Glitzerndes Meereis reflektiert den Großteil der Sonnenenergie. Doch wenn es schmilzt, macht es dunklem Wasser Platz, das den größten Teil der Energie absorbiert, sich erwärmt und so noch mehr Eis schmilzt. Das beschleunigt das Abschmelzen des arktischen Meereises.

Eisberg, vom treibenden Rand des Eisfelds abgebrochen

GRÖNLAND
Der Großteil Grönlands liegt unter einem riesigen Eisschild, der in der Mitte über 3 km dick ist. In jedem Sommer wird er an den Rändern dünner und die davon betroffene Fläche wird immer größer. Die Gletscher, die vom Eisschild aus ins Meer gleiten, bewegen sich immer schneller und so brechen auch immer mehr Eisberge ab und schmelzen. Dadurch steigt der Meeresspiegel.

TAUWETTER
Etwa ein Viertel der Landmassen auf der Nordhalbkugel sind so kalt, dass sie unter der Oberfläche dauerhaft gefroren sind. Dieser sogenannte Permafrost liegt unter einer Oberflächenschicht, die im Winter gefroren ist, im Sommer aber auftaut, sodass riesige Sumpfgebiete entstehen. In vielen Gebieten der niederen Arktis taut die Oberflächenschicht jedes Jahr tiefer, wobei uraltes Eis schmilzt und Häuser, wie dieses hier in Irkutsk (Sibirien), unterhöhlt werden und allmählich im Boden versinken.

GLETSCHERRÜCKZUG
Wenn sich über Jahre hinweg Schnee auftürmt und zusammengepresst wird, entstehen Gletscher, die langsam abwärtskriechen und dabei tiefe, U-förmige Täler ausschaben. In den Polargebieten wandern viele Gletscher bis zum Meer, wo das Eis abbricht und Eisberge bildet. Doch die meisten Gletscher, die in hoch gelegenen, kalten Bergregionen entstehen, werden, lange bevor sie die Küste erreichen, zu Strömen und Seen von Schmelzwasser. Weltweit schmelzen diese Berggletscher durch steigende Temperaturen an ihren unteren Enden ab. Der Rückzug kann dramatisch sein, wie man an diesen Bildern des Upsala-Gletschers in Patagonien, Südamerika, sehen kann – das Foto oben wurde 1928 aufgenommen, das untere 2004.

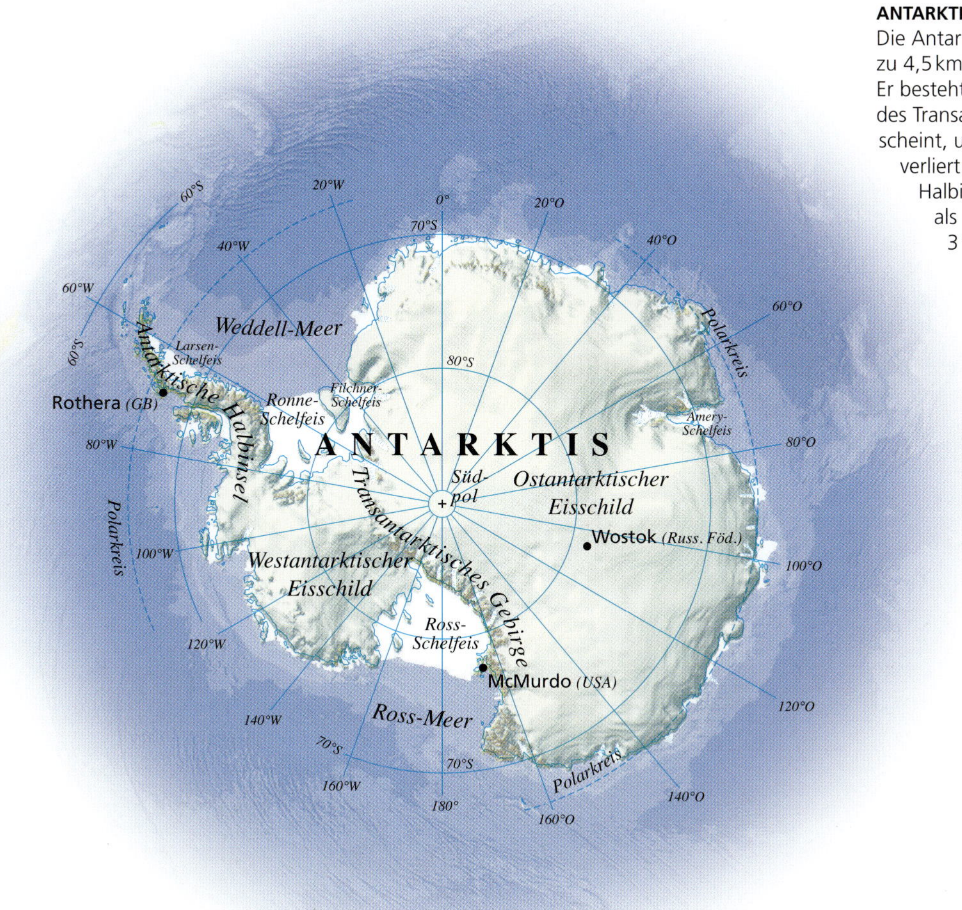

ANTARKTIS
Die Antarktis liegt unter einem gigantischen Eisschild, der bis zu 4,5 km dick ist und eine Fläche von 14 Mio. km² bedeckt. Er besteht aus dem riesigen Ostantarktischen Eisschild östlich des Transantarktischen Gebirges, der mehr Eis anzuhäufen scheint, und dem kleineren Westantarktischen Eisschild, der Eis verliert. Am schnellsten schmilzt das Eis auf der Antarktischen Halbinsel, wo die Temperaturen noch schneller ansteigen als irgendwo sonst auf der Erde, und zwar um bis zu 3 °C seit 1951.

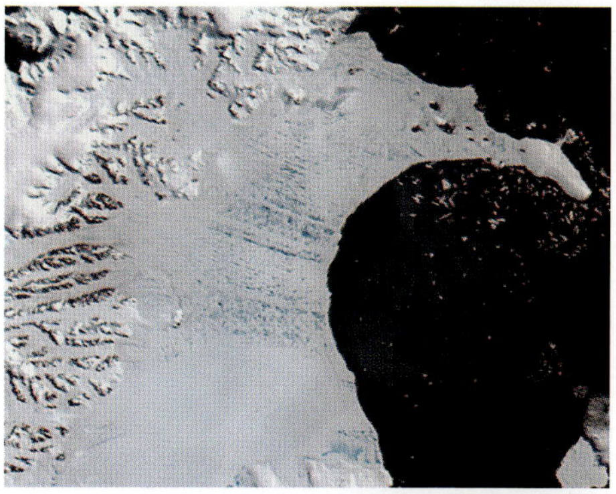

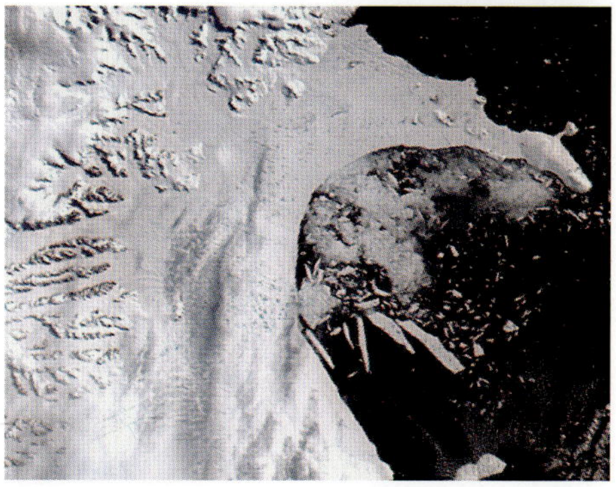

DAS EIS BRICHT
Anfang 2002 verschwanden 3250 km² des 200 m dicken Larsen-B-Schelfeises an der Spitze der Antarktischen Halbinsel innerhalb von 35 Tagen. Diese Satellitenbilder zeigen blaue Pfützen von Schmelzwasser, die sich am 31. Januar gebildet haben, und wie das Schelfeis 23 Tage später abbricht.

„ÖTZI"
1991 wurde in den Alpen eine Gletscherleiche gefunden. Man fand heraus, dass der Mann 5300 Jahre durch das Eis konserviert worden war, samt seiner Kupferaxt. Doch mittlerweile ist das ganze Eis an der Fundstelle geschmolzen.

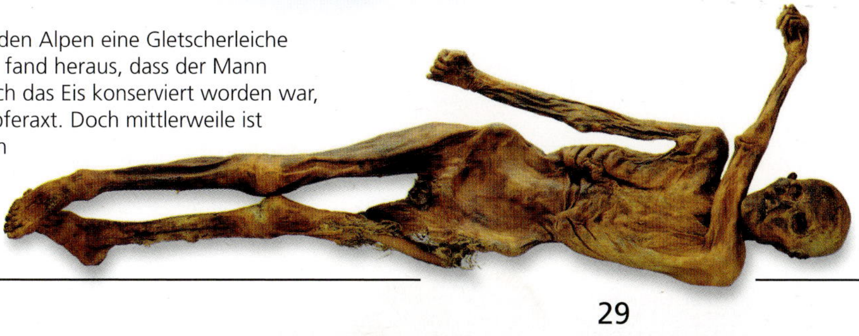

Erwärmung der Meere

An Land sind die Folgen der globalen Erwärmung mit Hitzewellen, Waldbränden und schwindenden Gletschern oft dramatisch. Der Einfluss auf die Meere ist weniger offensichtlich – weil ihre Erwärmung länger dauert. Doch würde die Wärme, die sie bereits aufgenommen haben, tiefe Ozeane auch dann noch aufheizen, wenn morgen alle Treibhausgasemissionen eingestellt werden. Durch die Erwärmung dehnt sich das Meerwasser aus, sodass der Meeresspiegel ansteigt. Schmelzwasser aus kontinentalen Eisfeldern fließt in die Meere. Wärmeres Wasser an der Meeresoberfläche hemmt das Wachstum des Planktons und damit die CO_2-Aufnahme, und es bewirkt heftige Stürme, die über die Kontinente fegen – mit katastrophalen Folgen.

STEIGENDER MEERESSPIEGEL
Erwärmt sich das Meerwasser, dehnt es sich aus, dadurch steigt der Meeresspiegel an. Doch Messinstrumente wie dieses zeigen, dass schmelzendes Eis zu dem Problem beiträgt.

SCHMELZWASSER
Das Wasser, das den Meeresspiegel steigen lässt, kommt aus schmelzenden Gletschern und kontinentalen Eisfeldern. Schmilzt auf dem Wasser treibendes Eis, hat das auf den Meeresspiegel keinen Einfluss, weil das schwimmende Eis sich schon im Meer befindet und einfach nur von fest zu flüssig übergeht. Schmilzt aber Eis an Land, wie das Eis dieses Gletschers, strömt das gesamte Schmelzwasser zusätzlich ins Meer.

Eisberge sind treibende Brocken von Gletschereis.

EISBERGE
In den Polarzonen und einigen anderen Gebieten wandern Gletscher bis zum Meer. Ihre Ausläufer treiben auf dem Wasser, sodass abbrechende Eisbrocken als schwimmende Eisberge abdriften. Manche Eisberge sind riesig, und da 90 % ihrer Masse unter Wasser treiben, sind sie alle noch viel größer, als sie aussehen. Genau wie bei Schmelzwasser steigt durch sie der Meeresspiegel, egal ob sie schmelzen oder gefroren bleiben. Sie können auch eine ernste Gefahr für die Schifffahrt darstellen.

WEGGESPÜLT
Durch den Anstieg des Meeresspiegels wird der Inselstaat Tuvalu im Pazifik, wo der Großteil des Landes nur 2–3 m über dem Meer liegt, allmählich zerstört. Flutwellen dringen immer tiefer ins Land ein, überschwemmen Häuser und verunreinigen Ackerland und Trinkwasser durch Salzwasser. Da man annimmt, dass der Meeresspiegel noch 1000 Jahre steigt, nachdem man alle Treibhausgasemissionen eingestellt hat – und noch länger, wenn das nicht geschieht –, werden die 11 000 Bürger von Tuvalu ihre Inseln evakuieren müssen, höchstwahrscheinlich für immer. Andere tief gelegene Staaten wie die Malediven sind ebenfalls gefährdet.

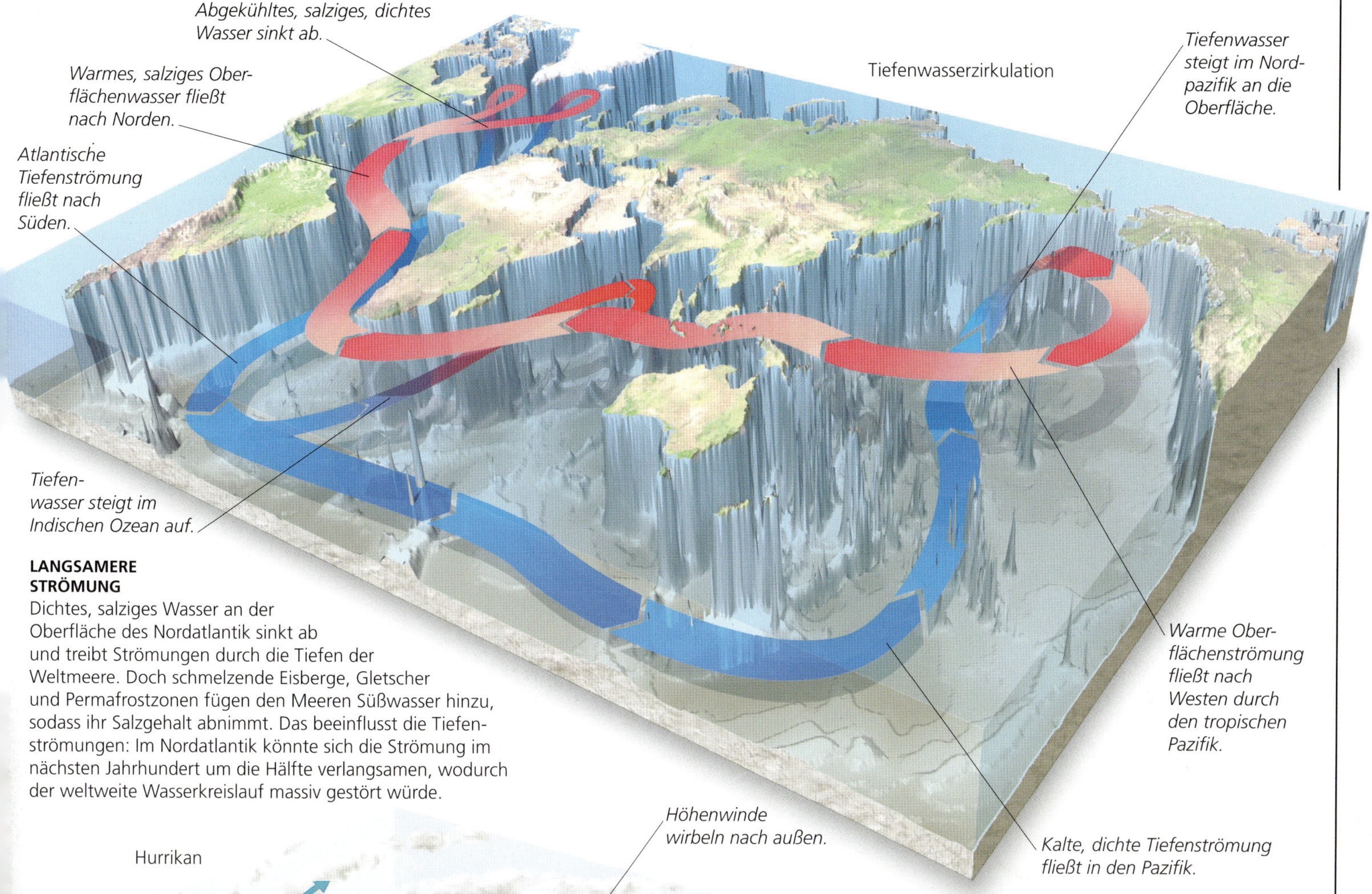

LANGSAMERE STRÖMUNG
Dichtes, salziges Wasser an der Oberfläche des Nordatlantik sinkt ab und treibt Strömungen durch die Tiefen der Weltmeere. Doch schmelzende Eisberge, Gletscher und Permafrostzonen fügen den Meeren Süßwasser hinzu, sodass ihr Salzgehalt abnimmt. Das beeinflusst die Tiefenströmungen: Im Nordatlantik könnte sich die Strömung im nächsten Jahrhundert um die Hälfte verlangsamen, wodurch der weltweite Wasserkreislauf massiv gestört würde.

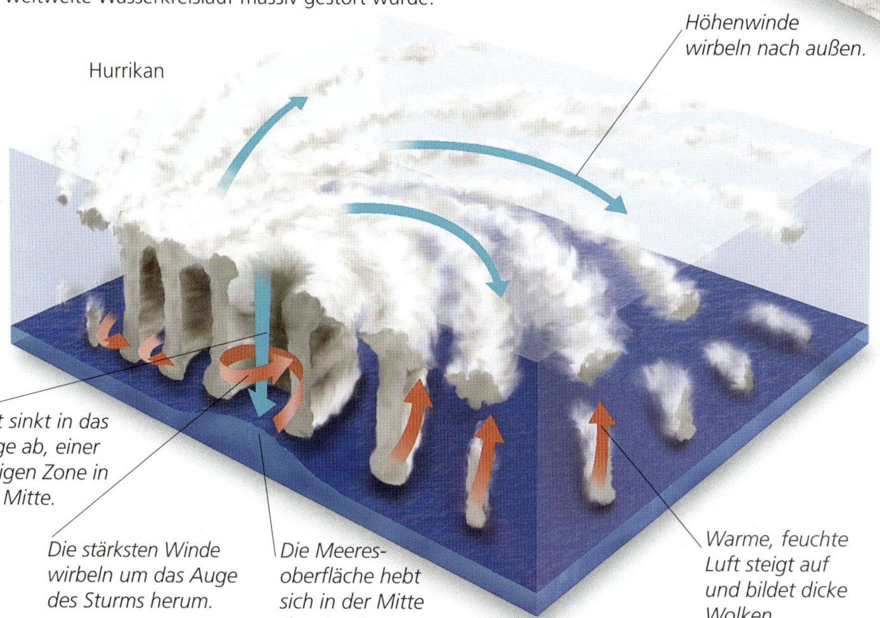

HURRIKANE UND ZYKLONE
Stürme, die über dem Meer entstehen, können an Land Katastrophen anrichten. Die Stürme ziehen auf, weil durch Sonnenwärme feuchtwarme Luft aufsteigt. Dadurch bildet sich ein Tiefdruckgebiet mit dicken Wolken. Der Tiefdruck zieht noch mehr Luft an, die ein kreisförmiges Windsystem bildet, einen sogenannten Zyklon. Über tropischen Meeren können sich Zyklone zu zerstörerischen Hurrikans entwickeln.

GESÄTTIGT
Etwa ein Viertel des CO_2-Ausstoßes wird durch die Meere absorbiert. Das CO_2 löst sich im Wasser auf und sehr viel wird vom Plankton aufgenommen. Warme Meere enthalten jedoch nicht viel Plankton und die Meere werden zunehmend wärmer. Das stürmische Südpolarmeer, das die Antarktis umgibt – hier setzt es das Deck einer Rennjacht unter Wasser –, kann kaum noch CO_2 aufnehmen. Das könnte zu einem echten Problem werden, denn sein Anteil an der CO_2-Menge, die jedes Jahr von den Meeren geschluckt wird, beträgt stolze 15 %.

STÄDTE UNTER WASSER
Stärkere Stürme, verursacht durch wärmere Meere, führen im gemäßigten Norden zu 5–10 % mehr Regenfällen. Dadurch kommt es zu Überschwemmungen. Ungewöhnlich heftiger Regen ging auch in den Tropen nieder. Bei der gezeigten Sintflut im Juli 2005 fielen 944 mm Regen innerhalb von 24 Stunden auf Mumbai (Indien) – 50 % mehr als der bisherige Höchstwert.

Meeresforschung

Ein Großteil der Klimaforschung findet auf dem Meer statt, weil die Meere wichtig für das Klimasystem sind. Täglich sammeln Klimaforscher Daten, die unser Verständnis, wie dieses System funktioniert und wie die Meere und die Atmosphäre zusammenwirken und den Klimawandel beeinflussen, erweitern. Viele dieser Daten gewinnt man mithilfe hoch entwickelter Technologie, darunter Messgeräte an automatischen Bojen, Mini-Tauchboote und sogar Satelliten.

DATEN MIT TIEFGANG
Meeresströmungen haben großen Einfluss auf das Klima, weil sie Wärme rund um den Globus verteilen. Diese Flaschen nehmen Wasserproben aus verschiedenen Tiefen, sodass Wissenschaftler die jeweilige Temperatur und die chemische Zusammensetzung aufzeichnen können. So können sie berechnen, ob und wie sich die Strömungsmuster verändern.

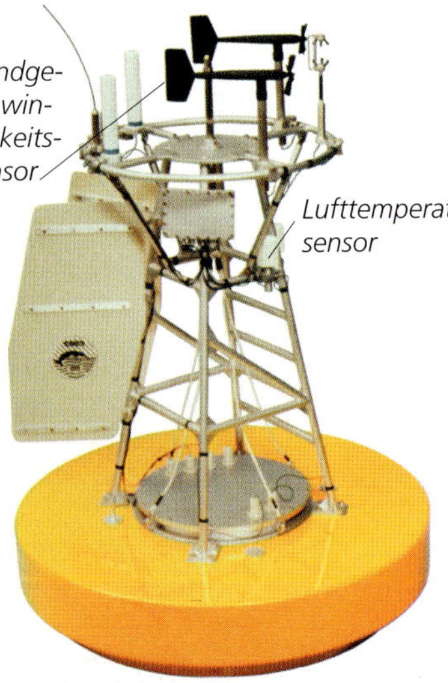

AN DER OBERFLÄCHE
Zu verstehen, wie die Atmosphäre und das Meer zusammenwirken, ist bei der Klimaforschung unverzichtbar. Diese Forschungsboje ist eine von vielen, die grundlegende Daten wie Luft- und Wassertemperatur, atmosphärischen Druck und Windgeschwindigkeit sammeln und sie dann an ein Forschungsschiff weitergeben.

RIFFANALYSE
Dieser Taucher entnimmt eine Kernprobe von einer pazifischen Koralleninsel, sodass man das Wachstum des Korallenriffs untersuchen kann. Muster des Korallenwachstums im Lauf der Jahrhunderte erlauben wertvolle Einblicke in das Meeresklima der Vergangenheit und zeigen auch Schwankungen des Meeresspiegels.

FORSCHUNGSSCHIFF
Die britische RRS *James Cook* ist eines von mehreren Forschungsschiffen, mit deren Hilfe Wissenschaftler die Meere und das Klima weltweit an Ort und Stelle untersuchen. Es bietet 22 Mann Besatzung und 32 Forschern Unterkunft, die auf jedes Gebiet der Meeresforschung spezialisiert sind, von Wettermustern bis zur Geologie des Meeresbodens. Das Schiff kann 50 Tage auf See bleiben, und mitten auf dem Meer ebenso eingesetzt werden wie in Küstengewässern, von den Tropen bis zu den Randzonen des Polareises. Mithilfe von Satellitenverbindungen können die Forscher mit Forschungseinrichtungen in der ganzen Welt Daten austauschen.

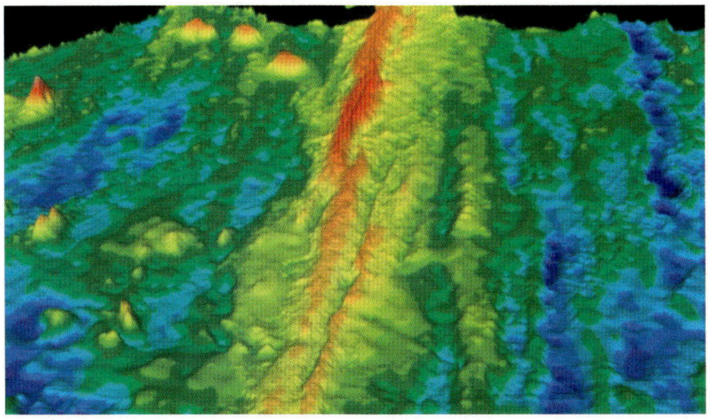

AKUSTISCHE SONDE
Seit den 1960er-Jahren setzen Ozeanografen akustische Signale ein, um detaillierte dreidimensionale Karten des Meeresbodens erstellen zu können, die geologische Phänomene wie diesen langen unterseeischen Rücken im Pazifik aufspüren. Diese Informationen sind unverzichtbar für die Erforschung der Meeresströmungen, denn nur so können Computer das Zusammenspiel von fließendem Wasser und dem Meeresboden simulieren. Schallwellen werden auch durch die Wassertemperatur beeinflusst, sodass man sie zum Aufspüren von warmen wie auch von kalten Meeresströmungen nutzen kann, und deren Schwankungen können mit der globalen Erwärmung in Verbindung stehen.

MEERESÖKOLOGIE
Plankton, hier in der Ostsee, absorbiert sehr viel atmosphärisches CO_2 und wandelt es in Nahrung für andere Meeresbewohner um. Mithilfe von Satelliten können Forscher die weltweite Verteilung und die Menge des Planktons überwachen und feststellen, wie es auf den Klimawandel reagiert.

Mikroskopisch kleine einzellige Organismen bilden eine große grüne Wolke.

Satellitenbild der Ostsee

Der Gleiter ist batteriegetrieben.

UNTER DEN WOGEN
Automatische „Unterwassergleiter“ wie dieser kreuzen geräuschlos unter der Wasseroberfläche und sammeln über große Entfernungen hinweg Daten. Sie können einen Monat lang eigenständig arbeiten und sind mit Sensoren ausgestattet, die Wellen, Strömungen und viele andere Faktoren, mit deren Hilfe die Forscher die Rolle des Meeres beim Klimawandel einschätzen, aufspüren und messen können. In Abständen tauchen die Gleiter auf, um ihre Daten per Satellit an Meeresforschungsinstitute an Land zu übertragen.

Brücke

Wetterstation

Das Schiff ist nach dem berühmten britischen Entdecker und Seefahrer Kapitän James Cook (1728–1779) benannt.

Mit der Erwärmung leben

Langfristig passt sich die Natur sowohl kühlerem als auch wärmerem Klima an. Doch Evolution ist ein harter Kampf: Viele Pflanzen und Tiere werden nicht mit den Veränderungen fertig und sterben aus. Andere gedeihen umso besser, weil sie Eigenschaften entwickeln, die ihnen das Überleben ermöglichen. Am Ende steht eine neue Zusammensetzung von Arten. So haben die Säugetiere die Dinosaurier, die vor 65 Millionen Jahren ausstarben, abgelöst. Das Artensterben in jüngster Zeit könnte ein Zeichen dafür sein, dass uns ein ähnlicher Prozess bevorsteht.

EIN BISSCHEN SAUER
Löst Regen CO_2 aus der Atmosphäre, bildet sich schwache Kohlensäure. Das geschieht auch in den Meeren, wenn sie überschüssiges CO_2 aus der Luft aufnehmen. Das macht die Meere zwar nicht sauer, aber es macht sie weniger alkalisch. Diese Veränderung könnte vielen Meerestieren wie Korallen, Muscheln und diesem Hummer das Leben schwer machen, da sie alkalische Mineralien aus dem Wasser aufnehmen, um ihre kräftigen Schalen und Panzer zu bilden.

ÜBERHITZTE RIFFE
Erwärmen sich die tropischen Meere, leiden die Korallenriffe. Die riffbildenden Korallen leben in einer Symbiose mit mikroskopisch kleinen Organismen, die in ihrem Gewebe wachsen und durch Fotosynthese Nahrung herstellen. Wird das Wasser aber zu warm, schleudern die Korallen die farbigen Mikroben heraus und werden weiß (oben). Korallen können kurze Phasen dieser Korallenbleiche überleben, doch wenn das Wasser zu warm bleibt, geht ihnen die Nahrung aus und sie sterben ab. Steigende Meerestemperaturen werden wahrscheinlich mehr Bleiche verursachen, sodass die empfindlichen Korallen vom Aussterben bedroht sind.

HUNGERNDE SEEVÖGEL
Die Nahrungskette im Meer ist vom Plankton abhängig, das von Fischen gefressen wird, die wiederum die Beute der Seevögel sind. In wärmeren Meeren verändert sich die Verteilung des Planktons, sodass die Fische aus den Brutgebieten der Seevögel abwandern. Im Nordatlantik können Kolonien wie die dieser Trottellummen nicht bestehen, weil es nicht genug Futter gibt.

SCHWINDENDE FEUCHTGEBIETE
Dürreperioden werden immer häufiger, und immer mehr Menschen brauchen immer mehr Wasser, sodass Sümpfe und Seen allmählich austrocknen. Diese Feuchtgebiete sind für viele Tiere als Lebensraum und als Quelle für Trinkwasser lebenswichtig – ihr Verschwinden wäre also eine Katastrophe für die Tierwelt. Hier waten Forscher, die die Auswirkungen des sinkenden Wasserspiegels in einem Sumpf in Florida untersuchen, im Wasser, um Proben zu entnehmen.

ES GEHT BERGAUF
Viele Pflanzen und Tiere sind an das Leben im Hochgebirge angepasst, wo es für Bäume zu kalt ist. Durch steigende Temperaturen wachsen die Bäume immer weiter oben und zwingen die Hochgebirgsbewohner in noch höhere Regionen. Im Himalaja (links) verschieben die Tiere ihren Lebensraum stetig in Richtung Gipfel.

ERSTE OPFER
Der Klimawandel könnte bereits für das Aussterben einiger Tierarten verantwortlich sein. Die Goldkröte wurde erst 1966 in den Monteverde-Wolkenwäldern von Costa Rica entdeckt. 1987 kam sie häufig vor, doch zwei Jahre später war sie faktisch verschwunden, und 1991 hielt man sie für ausgestorben. Die Krötenjungen wurden von einer Pilzkrankheit befallen, die sich verbreitete, als die Nächte wärmer wurden. Als die erwachsenen Kröten starben, gab es keine Jungtiere, die ihren Platz einnehmen konnten.

Durch Malariamücken sterben im Jahr über eine Million Menschen.

ÜBERLEBENSKÜNSTLER
Manche Tiere scheinen sich dem Klimawandel anzupassen. Insekten haben kurze Lebensspannen und schnelle Fortpflanzungsraten, sodass sie sich schnell weiterentwickeln können, und viele können leicht in neue Lebensräume umsiedeln. Dazu gehören Mücken, die Krankheiten übertragen, weshalb sich Malaria und das West-Nil-Fieber in Gebieten ausbreiten, in denen es bisher für die Insekten zu kalt war.

AUS DEM TAKT
Durch den Klimawandel schlüpfen Raupen in Europa im Frühling zwei Wochen früher. Wenn Zugvögel aus Afrika zurückkehren, um zu brüten, sind die meisten Raupen schon verpuppt. Die Vögel finden kaum Nahrung und oft verhungern ihre Jungen.

SEEBÄR

Der Eisbär entwickelte sich vor etwa 250 000 Jahren aus dem Braunbären und spezialisierte sich auf die Jagd in der Arktis. Er lebt auf dem Packeis des Polarmeeres, bevorzugt aber das dünnere Eis, das sich im Winter an den Rändern des dickeren, ständigen Eises in der Nähe des Nordpols bildet. Er durchwandert große Gebiete des gefrorenen Meeres, kann aber auch mehrere Stunden schwimmen, um offenes Meer zu durchqueren. So oder so verbringt er einen Großteil seines Lebens auf See.

Das Eisbärendilemma

Die Tiere auf dem arktischen Meereis sind durch den Klimawandel bedroht. Das Eis schmilzt, spätestens 2070 könnte das Sommereis ganz verschwunden sein. Die am meisten gefährdete Tierart ist die an der Spitze der Nahrungskette – der Eisbär. Seine Beute sind vor allem Robben, die Fische fressen, die sich von Krusten- und Schalentieren ernähren. Unterbricht die Erwärmung des Polarmeers diese Kette, leiden alle Tiere darunter, vor allem aber der Eisbär, denn schon ein einziger Bär braucht eine große Menge von Schalentieren, Fischen und Robben, um satt zu werden. Eisbären sind außerdem darauf spezialisiert, auf dem Meereis zu jagen – so verschwindet mit dem Eis möglicherweise auch der Bär.

Ringelrobbe (Jungtier)

JÄGER DER MEERE

Die wichtigste Beute des Eisbären sind Ringel- und Bartrobben. Er fängt die erwachsenen Robben, wenn sie in Eislöchern auftauchen, um zu atmen. Diese Atemlöcher kann er bis zu einem Kilometer weit wittern. Im Frühsommer erschnüffelt der Bär die schneebedeckten Eishöhlen der Ringelrobbenwelpen und durchbricht das Eis, um sie zu fangen.

WINTERLICHE KINDERSTUBE

Schmilzt das Packeis, wird die Jagd für den Eisbären schwierig, sodass er 4 Monate oder länger nichts frisst, bis das Meer im Herbst wieder zufriert. Trächtige Weibchen ziehen sich in Schneehöhlen zurück, wo sie mitten im Winter ihre Jungen werfen und sie mit ihrer extrem fetten Milch säugen, bis sie im Frühjahr wieder auf dem Eis erscheinen.

SCHWINDENDES EIS

Steigende Temperaturen bedeuten, dass große Meeresflächen, die früher das ganze Jahr über zugefroren waren, zu offenem Meer werden, mit nur ein paar verstreuten Eisschollen. Oft müssen Eisbären lange Strecken schwimmen, um von einer stabilen Eisfläche zur nächsten zu gelangen. Und das Eis schmilzt früher im Sommer. Das zwingt die Bären an Land, oft bevor sie genug gefressen haben, um die Fettreserven anzulegen, mit deren Hilfe sie überleben, bis das Meer wieder gefriert.

VERZWEIFLUNGSTATEN
Eisbären sind für die Jagd an Land schlecht ausgestattet. So kommen hungrige Bären, wenn das Packeis im Sommer schmilzt, auf der Suche nach Nahrung oft in die weit nördlich gelegenen Städte. Wenn die großen Tiere dort zur Gefahr werden, muss man sie betäuben und per Hubschrauber weiter nach Norden fliegen, wo es noch genug Packeis gibt, auf dem sie auf dem Meer jagen können.

SCHMUTZ UND GIFT
Oft suchen hungrige Eisbären in der Nähe menschlicher Siedlungen nach Nahrung. Häufig plündern sie Müllkippen, wo sie Dinge fressen, die nicht gut für sie sind. Von Natur aus fressen sie sehr viel Fett, um ihre energiereichen Fettreserven anzulegen, und hungrige Bären wurden schon dabei beobachtet, dass sie Industriefett und sogar Motoröl fraßen. Viele Bären werden schleichend dadurch vergiftet, dass ihre Beute verseucht ist, auch weil viele Verunreinigungen in arktischem Eis eingeschlossen waren, das jetzt schmilzt.

TRÜBE AUSSICHTEN
Wenn das arktische Meereis im Sommer völlig verschwindet, hat der Eisbär keine Zukunft. Die Robben, seine Beutetiere, werden selten, wenn sie ihre Gebiete zur Jungenaufzucht verlieren. Bärinnen können womöglich nicht mehr genug Nahrung auftreiben, um ihre Jungen durch den Winter zu bringen. Da sie kaum in der Lage sind, an Land zu jagen, werden viele Bären einfach verhungern. Mit hoher Wahrscheinlichkeit stirbt der Eisbär in freier Wildbahn aus und nur in den Zoos werden ein paar Exemplare überleben.

Das Klima der Zukunft

Niemand kann in die Zukunft sehen. Fest steht, dass sich die Erde erwärmt, wenn noch mehr Treibhausgase in die Atmosphäre gelangen, aber wie viel wärmer wird sie, und welche Folgen hat das für die Welt? Es gibt eine Menge Faktoren und Wissenschaftler bemühen sich, sie alle zu berücksichtigen, wenn sie mathematische Modelle des Klimas erstellen. Die daraus entstehenden Projektionen stimmen darin überein, dass die Temperaturen, wenn wir nichts gegen den Klimawandel unternehmen, bis zum Jahr 2100 um 3 °C oder mehr ansteigen – mit möglicherweise ernsten Folgen.

SUPERCOMPUTER
Seit Jahrzehnten nutzt man Computer für die Wettervorhersage. Doch ist es schwieriger, Vorhersagen zum Klimawandel zu erstellen, weil man dabei nicht nur Veränderungen in der Atmosphäre, sondern auch Veränderungen der Vegetation und der Eisdecke berücksichtigen muss. Supercomputer wie dieser können aber riesige Datenmengen verarbeiten, und jedes Jahr werden die Computer noch leistungsfähiger. Und, was noch wichtiger ist, unser Verständnis des Klimas wird besser.

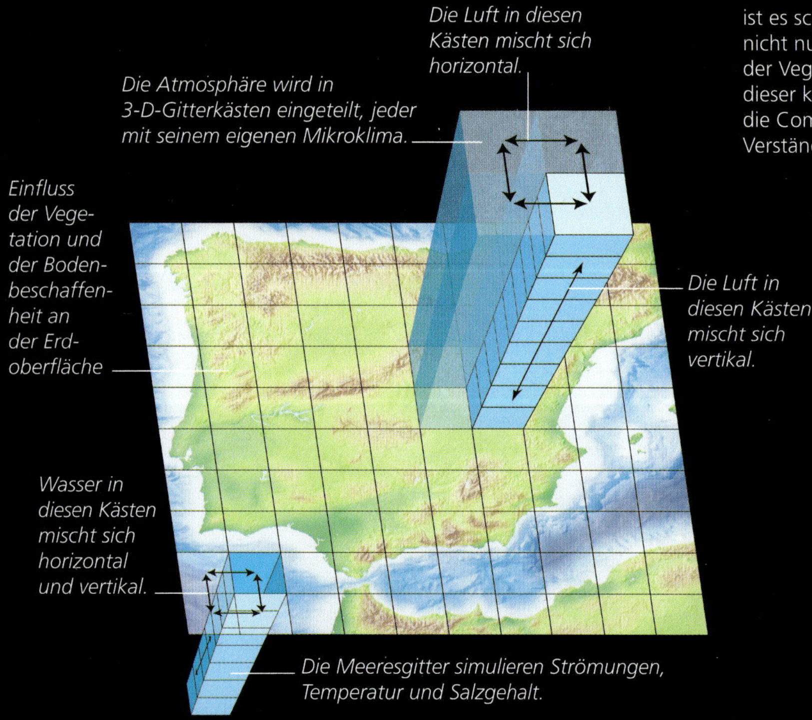

KLIMAMODELLE
Ein Klimamodell ist eine am Computer erzeugte Darstellung der Atmosphäre, auf der Grundlage eines dreidimensionalen globalen Rasters. Es bezieht untergeordnete Modelle mit ein, die andere globale Systeme wie die Meere (oben) oder das Wachstum der Vegetation darstellen. Das Computerprogramm erlaubt die Änderung einiger Faktoren, wie etwa die CO_2-Menge in der Atmosphäre oder den Grad der Verschmutzung durch Schwebeteilchen oder Aerosole. Das Modell überträgt diese veränderten Faktoren dann auf seine virtuelle Welt und zeigt, welche Auswirkungen sie auf das Klima haben.

PROJEKTIONEN
Am Computer entwickelt sich ein Klimamodell in einer Folge von kurzen Schritten – oft dauert jeder weniger als eine Stunde – und jeder Schritt wird in wenigen Sekunden verarbeitet. Eine Projektion bis zum Ende des Jahrhunderts zu erstellen, dauert also mehrere Wochen, selbst wenn man einen der leistungsstärksten Supercomputer einsetzt. Mit den Ergebnissen kann man dann Grafiken und Bilder erzeugen, die darstellen, wie sich Temperatur und Regenmenge unter verschiedenen Bedingungen verändern. Dieses dreidimensionale Bild wurde mithilfe eines Modells für die sich verändernde Meerestemperatur erzeugt.

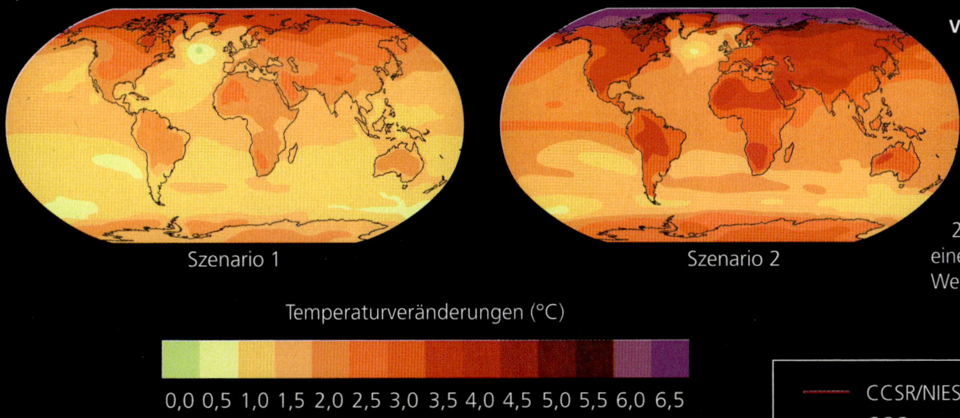

VERSCHIEDENE SZENARIEN
Jedes Klimamodell basiert auf einem anderen „Szenario", das zeigt, wie sich die Welt entwickeln könnte. Das grundlegende Szenario geht von einem beständigen Wirtschaftswachstum und damit von einem Anstieg der Treibhausgasemissionen aus, andere Szenarien von einer Abkehr davon. Links die Vorhersagen für einen Temperaturanstieg bis 2090–2099 auf der Grundlage von zwei Szenarien: eine weniger industrialisierte Welt als heute (1) und eine Welt mit schnellem Wirtschaftswachstum (2).

ZUVERLÄSSIG UND UNSICHER
Klimavorhersagen sind in etwa wie langfristige Wettervorhersagen. Allerdings konzentrieren sie sich auf die Durchschnittswerte des gesamten Systems und darauf, wie sie sich verändern, anstatt auf die örtlichen Schwankungen von einem Tag zum andern. So können wir zwar nicht das Wetter für die nächste Woche vorhersagen, aber sicher sein, dass ein weiterer Ausstoß von Treibhausgasen am Ende dieses Jahrhunderts zu einem Temperaturanstieg führt. Da es jedoch schwierig ist, alle Variablen miteinzubeziehen, kommen verschiedene Institute zu unterschiedlichen Projektionen. Diese Grafik zeigt acht Projektionen von sieben verschiedenen Instituten, alle auf der Grundlage, dass wenig getan wird, um die Treibhausgasemissionen zu reduzieren.

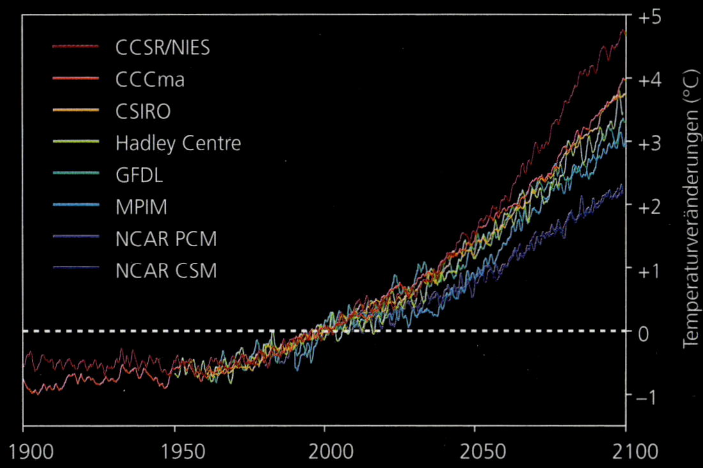

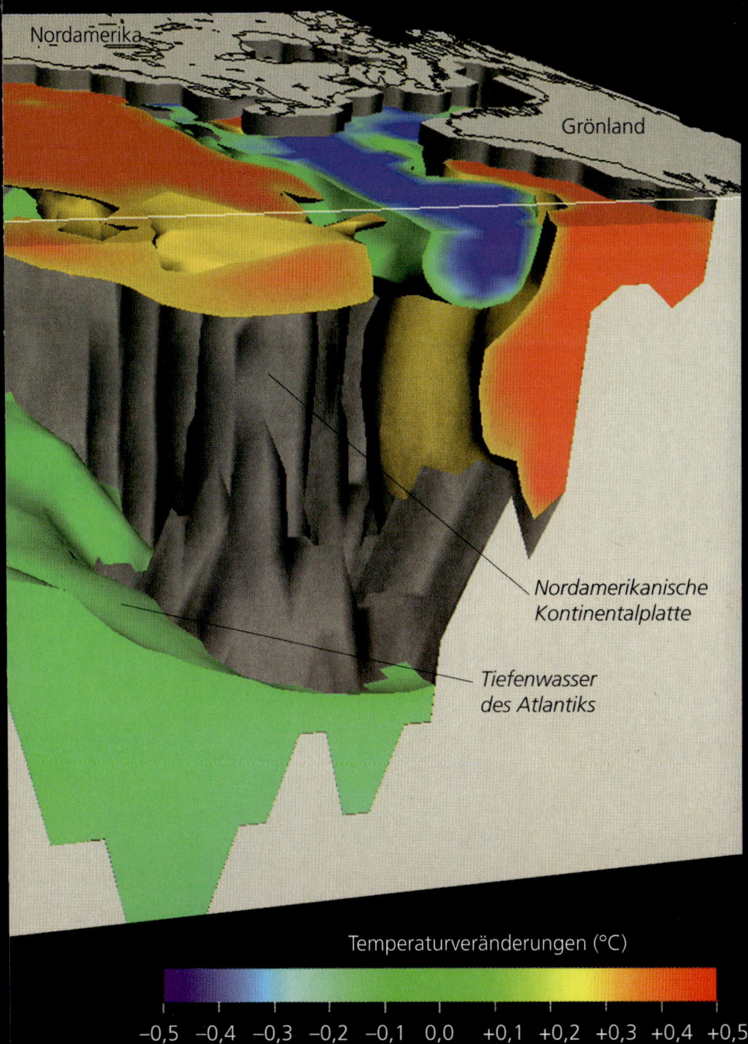

DIE PC-LÖSUNG
Es dauert Wochen, bis ein Klimamodell bis zum Ende des Jahrhunderts durchgelaufen ist und eine Projektion erstellt hat. Modelle, die auf vier oder fünf Szenarien basieren, brauchen vier bis fünf Mal so lange, und weil es so viele verschiedene Variablen gibt, gibt es Tausende von Szenarien. Da stoßen auch die größten Supercomputer an ihre Grenzen. 2003 fand der britische Klimaforscher Myles Allen eine Lösung: Tausende von privaten Nutzern bekamen eine vereinfachte Version eines Klimamodells, die auf einem Standard-PC läuft. Jeder Nutzer lädt sich ein Modell herunter, das auf einem leicht veränderten Szenario basiert. Immer wenn der Rechner eingeschaltet ist, läuft es im Hintergrund und kann seine Ergebnisse sogar als Bildschirmschoner anzeigen. Jedes Modell bis zum Ende durchzuspielen, kann mehrere Monate dauern, da aber Tausende von Computern gleichzeitig arbeiten, erzeugen sie sehr viele Ergebnisse viel schneller als einige wenige überlastete Supercomputer.

Das nächste Jahrhundert

Im 21. Jahrhundert wird die weltweite Durchschnittstemperatur ansteigen. Selbst wenn es uns gelänge, den Ausstoß von Treibhausgasen zu stoppen, würde die in den Meeren gespeicherte Wärme noch jahrzehntelang freigesetzt. Dadurch wird es öfter zu intensiveren Hitzewellen, Dürren und Überschwemmungen kommen. Noch mehr Gletscher und polare Eismassen werden abschmelzen, empfindliche Ökosysteme werden leiden und viele Tiere und Pflanzen aussterben. Manche dieser Folgen sind unvermeidbar, doch wenn wir versuchen, den Klimawandel zu bekämpfen, können wir den Schaden vielleicht begrenzen.

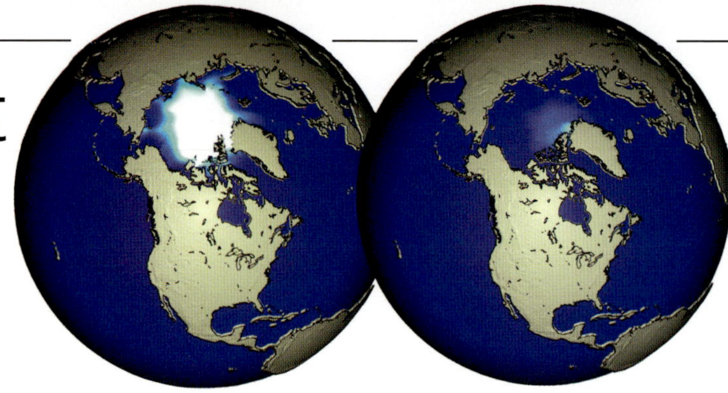

DER NORDPOL
Diese Bilder zeigen die Ausdehnung des arktischen Sommereises im Jahr 1985 und die vorhergesagte Ausdehnung 2085. Viele Wissenschaftler glauben, das dicke Packeis auf dem nördlichen Polarmeer könnte bis 2070 im arktischen Sommer vollständig abschmelzen und offenes Meer zurücklassen. Das wäre eine Katastrophe für die auf dem Eis ruhenden und säugenden Robben und für die Eisbären, die in dieser Region leben. Der Verlust des Sommereises und der verstärkte Zufluss von Süßwasser ins Meer könnte auch die Strömungen im Polarmeer und im Nordatlantik beeinflussen. Das Packeis wird sich im Winter neu bilden, aber kein so großes Gebiet bedecken wie heute. Gleichzeitig wird im hohen Norden immer mehr Permafrost verschwinden.

WACHSENDE WÜSTEN
Wissenschaftler, die dem IPCC angehören, sagen voraus, dass die Regenfälle in den meisten subtropischen Ländern um bis zu 20 % zurückgehen werden. Viele dieser Regionen sind bereits Halbwüsten, sodass sie, wenn es noch weniger regnet, austrocknen und zu Wüsten werden. Die werden sich in das angrenzende Strauch- und Grasland ausdehnen und könnten auch Gebiete beeinflussen, die heute Ackerland sind, wie der Maisgürtel in den USA oder die Weinbaugebiete in Südeuropa. Weiter im Norden und im Süden wird es im Sommer zu häufigeren und extremeren Hitzewellen kommen.

Das Pudong-Viertel von Shanghai

STÄDTE IN GEFAHR
Der Meeresspiegel wird weiter steigen, wenn noch mehr Schmelzwasser von den Gletschern ins Meer strömt. Bis 2100 ist er wahrscheinlich um 20–60 cm höher als heute, vorausgesetzt, die großen kontinentalen Eisfelder in Grönland oder der Antarktis bleiben weitgehend erhalten. Das scheint nicht allzu bedrohlich zu sein, aber viele Großstädte der Welt liegen an niedrigen Küsten und laufen Gefahr, überflutet zu werden. Eine der gefährdetsten ist Shanghai in China – eine Stadt mit 18 Mio. Einwohnern, die nur 3–5 m über dem Meer liegt. Derzeit können ihre Dämme Überflutungen durch Stürme über dem Ostchinesischen Meer verhindern, aber kaum einem Anstieg des Meeresspiegels standhalten.

STURMWARNUNG
Hurrikans werden stärker, wenn sich die Meeresoberfläche erwärmt und der Tropenbereich, in dem sie vorkommen, wird größer. Außerhalb der Tropen wird zunehmende Wasserverdunstung aus den wärmeren Meeren zu heftigeren Stürmen über dem Land führen und damit zu Blitzfluten. 2004 wurde das englische Boscastle durch eine solche Flut verwüstet. Diese Autos wurden von einer Wand aus Wasser, Schlamm und Geröll, die nach einem ungewöhnlich heftigen Sommergewitter in einem Flusstal hinunterschoss, ins Meer gefegt.

PFLANZEN AUF WANDERSCHAFT
Wenn sich die Polarregionen erwärmen und die Subtropen zu Wüsten werden, bewegen sich die Wildpflanzen langsam auf die Pole zu. Immergrüne Bäume wie diese Kiefern werden in die baumlose arktische Tundra wandern und in wärmeren, trockeneren Gebieten wird das Gras die Wälder ablösen. Doch große Flächen Ackerland könnten diese natürliche Wanderung verhindern und viele Arten von Wildpflanzen einfach aussterben.

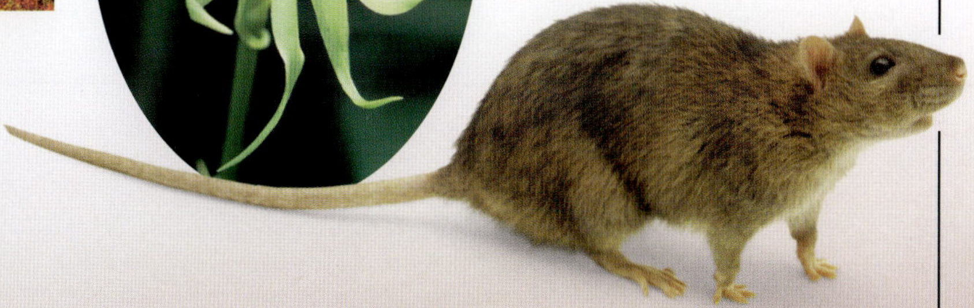

AUSSTERBENDE ARTEN
Steigt die weltweite Durchschnittstemperatur weiterhin so an, könnten bis 2050 15–37 % der wild lebenden Tier- und Pflanzenarten der Welt vom Aussterben bedroht sein. Dazu gehören viele hoch spezialisierte Arten wie Eisbären, Riffkorallen und seltene Blumen wie diese Tintenfischorchidee aus den Everglades in Florida. Im Gegensatz dazu könnten sich anpassungsfähigere Lebewesen wie diese Ratte oder Kakerlaken ausbreiten.

Die Sorge der Wissenschaftler

Wenn wir nichts gegen den Klimawandel unternehmen, könnte der weltweite Temperaturanstieg das Abtauen des arktischen Permafrosts oder riesige Waldbrände in Amazonien auslösen. Dadurch würden noch mehr Treibhausgase frei, die globale Erwärmung würde noch mehr beschleunigt. Wir wissen, dass es solche Klimakatastrophen schon gegeben hat. Um zu verhindern, dass es wieder dazu kommt, müssen wir jetzt handeln.

DIE TUNDRA TAUT AUF
Riesige Flächen im hohen Norden sind bis tief in den Boden hinein gefroren. Im Sommer tauen diese Permafrostböden teilweise auf, wobei große Sumpfgebiete entstehen, wie hier in Westsibirien. Zerfallen die darin enthaltenen Pflanzenreste, wird Methan freigesetzt – ein Treibhausgas, das 25-mal stärker ist als CO_2. Durch die steigenden Temperaturen taut im Sommer immer mehr Permafrostboden auf, und es wird mehr Methan frei, was den Treibhauseffekt verstärkt.

BRENNENDE REGENWÄLDER
Normalerweise gibt es in tropischen Regenwäldern keine Waldbrände, aber bei steigenden Temperaturen trocknen auch sie aus und brennen oder die Bäume gehen durch die Trockenheit ein. Bäume geben durch ihre Blätter Feuchtigkeit in die Luft ab, weshalb weniger Bäume weniger Regen bedeuten. Die Brände könnten das üppigste Ökosystem der Erde zerstören, und wenn die Bäume brennen oder absterben, wird der ganze Kohlenstoff in ihrem Holz zu CO_2, wodurch die Temperaturen noch weiter ansteigen.

SAURE MEERE
Wenn sich die Meere erwärmen und durch die Aufnahme von CO_2 saurer werden, gehen viele Meereslebewesen langsam ein. Steigt die Temperatur um mehr als 2 °C im Vergleich zu Werten vor der Industrialisierung an, könnten weltweit 97 % der Korallenriffe infolge der Korallenbleiche absterben. In zu saurem Wasser könnten Krebstiere, Muscheln und Plankton keine Panzer und Schalen mehr bilden, und das würde die Nahrungsgrundlage für andere Tiere, etwa Fische, zerstören. Die Folge wäre ein Massenaussterben.

Methanhydrat in einer Probe mit Schlamm vom Meeresgrund

METHAN IM MEER
Methan, das aus absterbendem Plankton auf dem Meeresboden entweicht, kann sich mit sehr kaltem Wasser zu einer Art Eis verbinden, dem sogenannten Methanhydrat. Wenn die Wassertemperatur ansteigt, kann dieses Hydrat schmelzen. Dabei wird Methan frei, das dann in Blasen aufsteigt, in die Atmosphäre entweicht und so zum Treibhauseffekt beiträgt. Es wird Jahrhunderte dauern, bis sich die Tiefsee so erwärmt hat, dass das passiert, aber manche Forscher glauben, dass dieser Prozess in früheren Zeiten eine Ursache für eine extreme globale Erwärmung war.

MASSIVER ANSTIEG
Die meisten Wissenschaftler gehen davon aus, dass der Meeresspiegel bis 2100 um weniger als einen Meter ansteigt. Sollten aber die dicken Eisschilde der Antarktis und Grönlands in sich zusammenbrechen, könnte der Meeresspiegel sehr viel mehr ansteigen, um bis zu 25 m. Schon ein Anstieg um 7 m – wenn nur der Grönlandeisschild bricht – würde Küstenstädte wie London, New York, Tokio, Shanghai und Kalkutta überfluten.

ZUSAMMENBRUCH
Die Ränder der Eisschilde in Grönland und der westlichen Antarktis schmelzen schneller, als es je zuvor aufgezeichnet wurde. Gewaltige Eisbrocken brechen ab und treiben als Eisberge davon. Durch den Verlust von Eis an den Rändern gleiten die kontinentalen Eismassen leichter in Richtung Meer, wobei Schmelzwasser, das durch Risse im Eis sickert, als Gleitmittel wirkt. Das könnte zum Einbrechen der Eisschilde führen, wodurch der Meeresspiegel dramatisch ansteigen würde.

DAS FAZIT
Wenn wir zulassen, dass die globale Erwärmung außer Kontrolle gerät, könnte sie nach und nach das meiste Leben auf der Erde vernichten. Das geschah vor rund 250 Mio. Jahren, als etwa 96 % der damaligen Arten ausstarben. Wissenschaftler glauben, dass starke vulkanische Aktivitäten sehr viel CO_2 freigesetzt und dadurch eine globale Erwärmung bewirkt haben. Damals stieg die Durchschnittstemperatur um etwa 6–8 °C an. Bis zum Jahr 2100 könnte die weltweite Temperatur durchaus um 4 °C ansteigen – oder mehr.

Der Klimawandel und die Gesellschaft

AN DER GRENZE
Der Inuitjäger auf dieser Lithografie aus dem 19. Jh. wartet darauf, dass ein Seehund aus dem Atemloch auftaucht. Manche Inuit nutzen diese Jagdmethode noch heute. Wie die Jäger der Inuit haben Völker, die in einem rauen Klima leben, ihre Lebensweise der Umwelt angepasst. Durch den Klimawandel könnten ihre Fertigkeiten nutzlos werden und ihre Kulturen untergehen.

Selbst wenn es uns gelingt, den Klimawandel zu bremsen, werden die Menschen darunter zu leiden haben, und zwar am meisten jene, die am wenigsten Schuld daran haben – die Menschen in den Entwicklungsländern. Viele haben schon jetzt mit einem Klima zu kämpfen, das Ackerbau und Trinkwasserversorgung schwierig macht. Der Klimawandel wird ihnen das Leben noch schwerer machen, es wird mehr Hungersnöte, Massenmigrationen und Konflikte um Land und Ressourcen geben. Werden tief gelegene Länder durch den Anstieg des Meeresspiegels überflutet, müssen ihre Bewohner das Land verlassen.

VÖLKERWANDERUNG
Wird Land unbewohnbar, weil es überflutet oder zur Wüste wurde, müssen die Menschen es verlassen. So könnte es zur größten Massenwanderung der Geschichte kommen. Nachbarländer werden es kaum gestatten, dass eine große Anzahl von Menschen einreist und sich ansiedelt. Eher wird man die Flüchtlinge in Lagern wie diesem hier in Äthiopien auffangen, wo sie auf Hilfe aus dem Ausland angewiesen und unter elenden Bedingungen untergebracht sind, mit sehr schlechter Hygiene, wenig zu essen und ohne Arbeit.

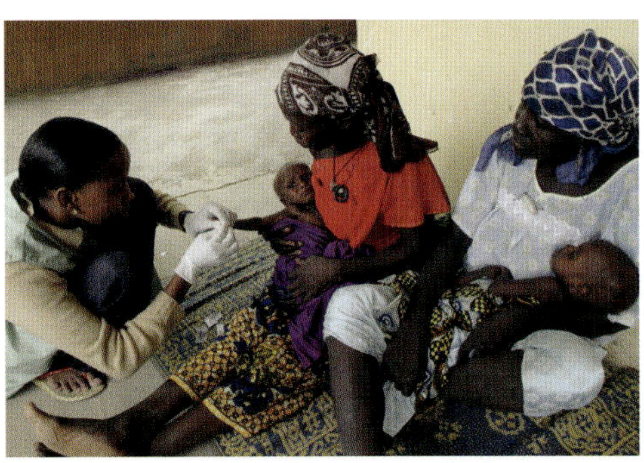

KRANKHEITEN
Erwärmt sich die Erde, breiten sich tropische Krankheiten aus. Mit Malaria, die durch tropische Mücken übertragen wird, infizieren sich heute jährlich etwa 500 Mio. Menschen – 4-mal mehr als 1990. Blutuntersuchungen werden zeigen, ob diese Kinder ebenfalls infiziert sind.

Das Zelt auf dem Dach bietet Schutz.

DAS WASSER STEIGT
Viele dicht bevölkerte Teile der Welt liegen knapp über dem Meeresspiegel. Dazu gehört das Gangesdelta in Indien und Bangladesch. Stiege der Meeresspiegel durch den Klimawandel nur um einen Meter, könnten 17 % von Bangladesch überflutet werden und Millionen von Menschen müssten fortziehen. Würde ein Hurrikan noch für zusätzliche Überschwemmungen sorgen – wie es 1970 der Fall war –, könnten Millionen Menschen sterben. Hier warten die Überlebenden einer Flutkatastrophe im Jahr 2004 in Dhaka, der Hauptstadt von Bangladesch, auf einem Dach auf ihre Rettung.

WASSERVORRÄTE
Sauberes Wasser ist lebenswichtig, doch könnte es in Halbwüsten infolge von Dürreperioden rar werden. Schwindende Gletscher könnten die gleiche Wirkung haben, denn große Gebiete in Zentralasien und China sind auf das Wasser, das in den Berggletschern des Himalaja gespeichert ist, angewiesen. Viele Städte in Südamerika, wie Lima in Peru, sind von den Andengletschern abhängig. Schmelzen diese Gletscher, fließt das in ihnen enthaltene Wasser ab. Überflutungen durch einen Anstieg des Meeresspiegels könnten auch die Wasservorräte von einigen der größten Städte der Welt, die an tief liegenden Küstenstrichen erbaut sind, verunreinigen.

Weizen würde von wärmerem Klima profitieren.

FELDFRÜCHTE
Die globale Erwärmung könnte den Ackerbau in tropischen Ländern erschweren, weil die Bewässerung ohnehin schwierig ist. In gemäßigten Zonen könnten Getreidesorten wie Weizen von längeren Sommern und höheren CO_2-Werten profitieren, was aber womöglich durch höhere Ozonwerte in Bodennähe, die das Pflanzenwachstum hemmen, wieder aufgehoben wird.

LEBENSMITTELVERSORGUNG
Wird der Ackerbau in den Tropen durch den Klimawandel erschwert, könnte die Lebensmittelversorgung leiden. Am meisten betrifft das die Menschen in den Entwicklungsländern. Es wird sich aber auch weltweit auswirken: Viele unserer Lebensmittel kommen aus den Tropen. Können heimische Bauern nicht genug produzieren, um den Verlust auszugleichen, werden sich die Regale im Supermarkt viel schneller leeren.

NICHTS GEHT MEHR
Entwickelte Länder brauchen ein Versorgungsnetz von Strom, Telekommunikation und Verkehr, um ihre Grundversorgung zu gewährleisten. Dadurch sind sie genauso anfällig für Katastrophen wie weniger komplexe Gesellschaften. Das wurde anhand des Chaos deutlich, das 2005 auf die Überschwemmung in New Orleans durch den Hurrikan Katrina, hier aus der Luft zu sehen, folgte. Die Infrastruktur brach zusammen, viele Menschen kamen ums Leben und die Stadt versank in Gesetzlosigkeit.

Anpassung an den Klimawandel

Wollen wir das Risiko künftiger Katastrophen einschränken, müssen wir den Klimawandel bekämpfen. Doch was immer wir tun, einige Veränderungen sind unvermeidbar: Selbst wenn wir den Ausstoß aller Treibhausgase morgen einstellen würden, stiege die weltweite Durchschnittstemperatur noch 30 Jahre lang an, vor allem weil die Meere noch Wärme freisetzen, die in ihnen gespeichert ist. Durch die Erwärmung steigt der Meeresspiegel. Sie kann auch zu mehr Dürren und Überflutungen führen und Probleme für Landwirtschaft und Natur verursachen.

KAMPF DEN FLUTEN
Viele Großstädte sind an tief liegenden Küsten erbaut, die durch den Anstieg des Meeresspiegels gefährdet sind. Die meisten dieser Städte haben bereits Dämme und Deiche, sie werden aber zusätzlichen Schutz vor extrem hohen Fluten und Wellen brauchen. Einige Barrieren wurden bereits errichtet. Eine der größten, die Themsebarriere, wurde zwischen 1974 und 1982 gebaut, um London vor Sturmfluten, die schon damals als Bedrohung angesehen wurden, zu schützen. Die zehn riesigen Stahltore wurden bis 1990 eher selten genutzt, doch seit der Meeresspiegel steigt, werden sie häufiger geschlossen.

NATURSCHUTZGEBIETE
Die Natur leidet bereits weltweit unter der massiven Zerstörung von Lebensräumen und der zusätzliche Stress durch den Klimawandel wird viele Arten aussterben lassen. Dadurch, dass wir Naturschutzgebiete einrichten, können wir Pflanzen und Tieren das Überleben erleichtern und gleichzeitig Ökosysteme erhalten, die dazu beitragen, dem Klimawandel entgegenzuwirken. Hier wird mithilfe von Computertechnologie das Pflanzenwachstum in einem Tropenwaldschutzgebiet in Costa Rica untersucht.

NATÜRLICHE SCHUTZWÄLLE
Entwicklungsländer können sich Küstenschutz oft nicht leisten, doch errichtet das Meer selbst in Form von Kiesufern, Salzmarschen oder, wie hier in Florida, Mangrovensümpfen natürliche Dämme gegen Sturmfluten. Viele dieser natürlichen Barrieren wurden durch schlecht geplante Küstenentwicklung zerstört. Indem man das verhindert, können sogar arme Länder ihre Küsten vor Überflutungen schützen.

KAMPF DEN WÜSTEN
Menschen, die am Rand der Wüste leben, können den Sand zurückhalten, indem sie Dünen, wie hier in Marokko, mit Palmen befestigen oder Gräser und Sträucher anpflanzen, die Trockenheit vertragen. Sie können auch verhindern, dass Grasland zur Wüste wird, indem sie eine Überweidung durch Vieh vermeiden.

NEUE FELDFRÜCHTE
Forscher am Internationalen Reisforschungsinstitut auf den Philippinen züchten neue Reispflanzen, die in trockenerem, wärmerem Klima gedeihen. Das kann einen Rückgang der Reiserträge bei steigenden Temperaturen verhindern. Außerhalb der Tropen könnten Bauern auf Feldfrüchte wie Mais umsteigen, die besser an heißere, trockenere Sommer angepasst sind – obwohl es nicht leicht ist, genau vorherzusagen, welche Feldfrüchte den Klimawandel gut vertragen.

Pfähle verhindern, dass die Häuser davonschwimmen.

MIT DEN FLUTEN LEBEN
Nach schweren Regenfällen steigen Flüsse an, auch über ihre Ufer hinaus. Dadurch entstand in der Vergangenheit breites, flaches Schwemmland. In vielen Ländern wird das normale Überschwemmen durch hohe Flussufer verhindert und das Schwemmgebiet wurde bebaut. Doch heftige Stürme machen diese Häuser anfälliger für Überschwemmungen. In den tief gelegenen Niederlanden lösen die Menschen dieses Problem, indem sie schwimmende Häuser bauen. Diese Häuser an der Maas haben wasserdichte Keller, die wie Flöße funktionieren und bei Flut bis zu 5,5 m ansteigen können.

SCHWER ZU SCHLUCKEN
In vielen Städten ist der Boden zubetoniert und kann schwere Regenfälle nicht aufnehmen. Das Wasser überlastet die Kanalisation, Fluten von Regen- und Abwasser entstehen. Grünflächen – hier der Central Park in New York – schlucken das Regenwasser und können Überschwemmungen verhindern.

DURCH DEN MONSUN
Bangladesch ist ein sehr flaches, tief gelegenes Land, das regelmäßig durch den Ganges und andere Flüsse überschwemmt wird, wenn sie nach den Monsunregenfällen über ihre Ufer treten. Die Menschen haben sich angepasst, indem sie Hügel aufschütten, die ihnen und ihrem Vieh Zuflucht gewähren. Wenn die Fluten zurückgehen, können die Menschen und ihre Tiere wieder in das umliegende Flachland umziehen.

Wellblechhütten bieten den Bauern vorübergehend Schutz.

Kampf gegen den Klimawandel

KLIMAKAMPAGNEN
Seit man die Gefahren des Klimawandels erkannt hat, haben sich Bürger in aller Welt dafür eingesetzt, dass die Regierungen sofort handeln. Sie haben an Politiker geschrieben, Petitionen unterzeichnet, Bürgerinitiativen unterstützt und Massenproteste und Demonstrationen wie diese 2006 in London organisiert.

Wir müssen verhindern, dass die globale Erwärmung einen gefährlichen Klimawandel verursacht. Der Klimawandel ist ein globales Problem und erfordert globales Handeln, doch ist es sehr schwierig, alle Nationen zu gemeinsamen Lösungen zu bewegen. So sind entwickelte Länder von Technologien abhängig, die das Problem verursachen. Sie könnten viel dadurch verlieren, sie zu ersetzen, aber möglicherweise noch mehr dadurch, dass sie ein Klimachaos riskieren. Zudem führen neue, weniger schädliche Technologien zu wissenschaftlichen Neuerungen und Wohlstand.

IN DEN MEDIEN
Als sich die wissenschaftlichen Beweise für den Klimawandel immer höher türmten, haben sich immer mehr Prominente Klimakampagnen angeschlossen oder selbst welche gegründet, von Musik- und Filmstars bis zu Al Gore, dem früheren Vizepräsidenten der USA und, zusammen mit dem IPCC, Träger des Friedensnobelpreises 2007. Das Foto zeigt ihn bei der Premiere seines Films über die globale Erwärmung, *Eine unbequeme Wahrheit* (2006).

Im Jahr 2000 hat BP dieses Blumensymbol zu seinem Logo gemacht.

REAKTIONEN
Diejenigen, die bei einer Abkehr von fossilen Brennstoffen am meisten zu verlieren haben, sind die Industriezweige, die von ihnen profitieren. Daher haben sich in den 1990er-Jahren mehrere Ölfirmen zu der „Globalen Klimakoalition" zusammengeschlossen, um Aktivitäten gegen den Klimawandel zu behindern. Doch ist die Beweislage jetzt so drückend, dass einige Ölfirmen, wie BP, die Erforschung alternativer Energien unterstützen, hier symbolisiert durch das Blumenlogo.

DAS IPCC
1988 baten die Vereinten Nationen um eine wissenschaftliche Einschätzung der Beweise für den Klimawandel. Das führte zur Einrichtung des UN-Klimarats (Intergovernmental Panel on Climate Change, IPCC). Er hat die Aufgabe, die weltweit betriebene Klimaforschung zu verfolgen und die Ergebnisse der Wissenschaftler regelmäßig genau auszuwerten. Der erste „Klimabericht" wurde 1990 veröffentlicht und in den Jahren 1995, 2001 und 2007 folgten aktualisierte Berichte. Hier zeigt Bert Metz, Co-Vorsitzender einer der IPCC-Arbeitsgruppen, auf einer Pressekonferenz 2007 einen Bericht.

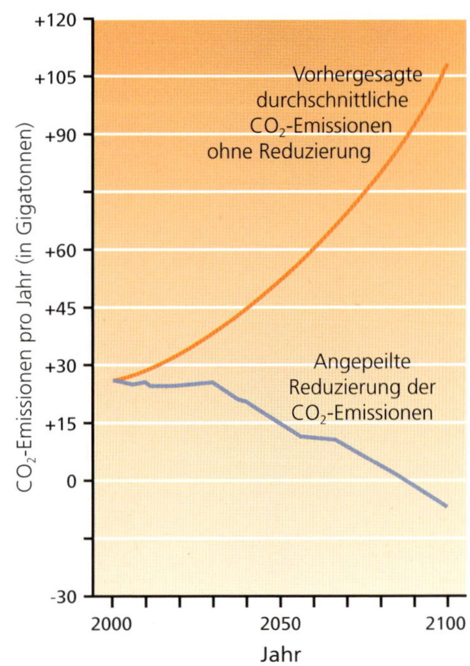

ZIELSETZUNGEN
Das Ergebnis einer Klimakonferenz, die 2005 in Großbritannien stattfand, war, dass ein Anstieg der weltweiten Durchschnittstemperatur um mehr als 2 °C im Vergleich zu den Werten vor der Industrialisierung eine Klimakatastrophe auslösen könnte. Dieser Punkt ist etwa 2050 erreicht, wenn wir den Ausstoß von Treibhausgasen bis dahin nicht um 60 % reduzieren. Diese Grafik zeigt, wie die CO_2-Emissionen ansteigen, wenn wir nichts unternehmen, sowie die Reduzierungsziele.

DAS KYOTO-PROTOKOLL
1997 nahm man auf einer Konferenz im japanischen Kyoto die Reduzierung von Treibhausgasen ernsthaft in Angriff. Repräsentanten vieler Länder (oben) einigten sich darauf, bis 2012 weltweit eine durchschnittliche Reduzierung um etwa 5 % anzupeilen. Damit wurde auf das Problem aufmerksam gemacht, doch wird man die Emissionen künftig noch viel weiter senken müssen.

HANDEL MIT KOHLENSTOFF
Zu den Bedingungen des Kyoto-Protokolls – und anderer internationaler Vereinbarungen, Treibhausgase zu reduzieren – müssen Länder, die ihre Reduzierungziele nicht erreichen, anderen Ländern mit nur geringem CO_2-Ausstoß „Kohlenstoffzertifikate“ abkaufen. Das klingt, als kaufe man eine Lizenz zur erhöhten Freisetzung von Treibhausgasen, doch können die Emissionen beider Länder zusammen nicht die gemeinsame Quote überschreiten. Länder mit hohem CO_2-Ausstoß können auch in Ländern mit niedrigem Ausstoß Projekte finanzieren, etwa Wiederaufforstung mit heimischen Bäumen wie diesem Teaksetzling.

GERECHT VERTEILT
So wie in dieser Barackensiedlung in Lima, Peru, leben viele Menschen in Städten in Entwicklungsländern. Es ist nur gerecht, dass sich ihr Lebensstandard verbessert, doch führt das mit großer Sicherheit zu einem erhöhten Ausstoß von Treibhausgasen. Um das auszugleichen, müssten reiche Länder mit hohem Lebensstandard ihre Treibhausgasemissionen bis 2050 um mehr als den globalen Durchschnitt von 60 % reduzieren. Ein Land wie Großbritannien etwa müsste seinen Ausstoß um mindestens 80 % senken – dann würde aber jeder Brite immer noch mehr CO_2 verursachen als jeder Peruaner. Viele Menschen hoffen, dass wir eines Tages annähernd dahin kommen, dass jeder Erdbewohner seine kleine, aber gerecht verteilte „Kohlenstoffration“ hat.

KOHLENSTOFFREDUZIERUNG
Ein Rückgang der Treibhausgasemissionen um 60–80 % mag unmöglich scheinen. Doch wenn wir unseren Strom anders erzeugen, unsere Energie zu Hause besser nutzen und unser Reiseverhalten ändern, können wir schon viel erreichen. Geräte wie dieses, das an einer Straße die CO_2-Werte misst, lenken unsere Aufmerksamkeit auf das, was getan werden muss.

Weniger Kohlenstoff

Die Welt ist abhängig von elektrischem Strom. Der wird größtenteils noch durch die Verbrennung fossiler Brennstoffe erzeugt, wobei Treibhausgase freigesetzt werden. Zum Glück gibt es Möglichkeiten, diese Emissionen zu reduzieren. Erdgas ist sauberer und damit besser als Kohle. Die Umwandlung in Gas macht Kohle zu einem effektiveren Brennstoff. CO_2 kann auch vor oder nach dem Verbrennen aus fossilen Brennstoffen entfernt und unterirdisch gelagert werden.

KOHLE HAT IHREN PREIS
Selbst wenn sich Kohle sauber verbrennen ließe, bliebe Kohlebergbau gefährlich und zerstörerisch. Kohlebergwerke sind berüchtigt für Einstürze und Explosionen mit tödlichen Folgen. Im Jahr 2006, als dieses Foto in Sichuan (China), aufgenommen wurde, kamen mindestens 5986 chinesische Bergleute bei Bergwerksunfällen ums Leben. Tagebau ist sicherer, hinterlässt aber riesige Narben in der Landschaft.

DAS KOHLEPROBLEM
Weltweit werden etwa zwei Drittel des elektrischen Stroms mit Kohle erzeugt. Das liegt daran, dass dieser Rohstoff sehr häufig vorkommt, v. a. in Amerika und China. Doch bei der Verbrennung von Kohle entsteht viel mehr CO_2 als bei Erdgas. Kohlekraftwerke sind also nicht sehr effizient, wandeln weniger als 40 % der Energie in elektrischen Strom um. Insgesamt ist Kohle für über ein Viertel der weltweiten CO_2-Emissionen verantwortlich. Trotzdem wollen die USA bis 2025 noch 40 % mehr Kohle verbrennen, und China will bis 2020 die Strommenge, die mit Kohle erzeugt wird, verdreifachen.

CO_2 BINDEN UND LAGERN

Eine Möglichkeit, Kohlekraftwerke sauberer zu machen, ist, ihre Abgase durch Chemikalien zu leiten, sogenannte Ethanolamine, die 82–99 % des CO_2 absorbieren. Die Chemikalien werden durch Rohre abgeleitet und erhitzt, das freigesetzte Gas wird in alten Ölquellen, Kohlebergwerken und Salzwasserreserven, sogenannten salinen Aquiferen, gelagert. Das CO_2 kann auch für die Erdölförderung genutzt werden oder das in alten Kohlebergwerken lagernde Methan ersetzen, das dann als Treibstoff genutzt werden kann. Durch diese Technik könnten die CO_2-Emissionen aus Kohlekraftwerken faktisch eliminiert werden, doch ist sie noch keineswegs ausgereift.

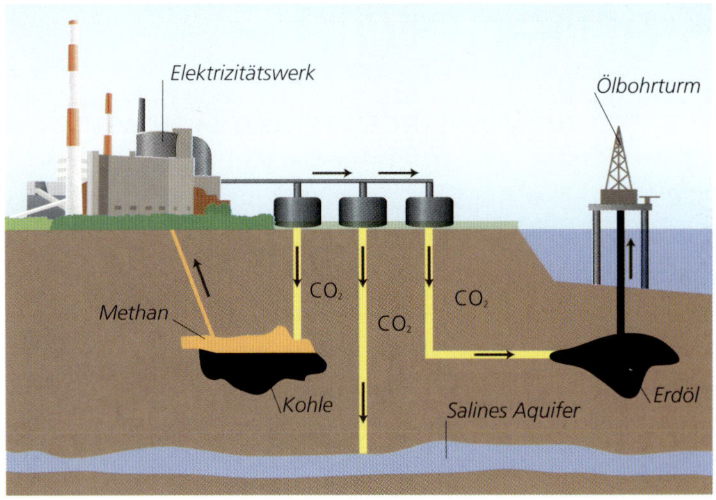

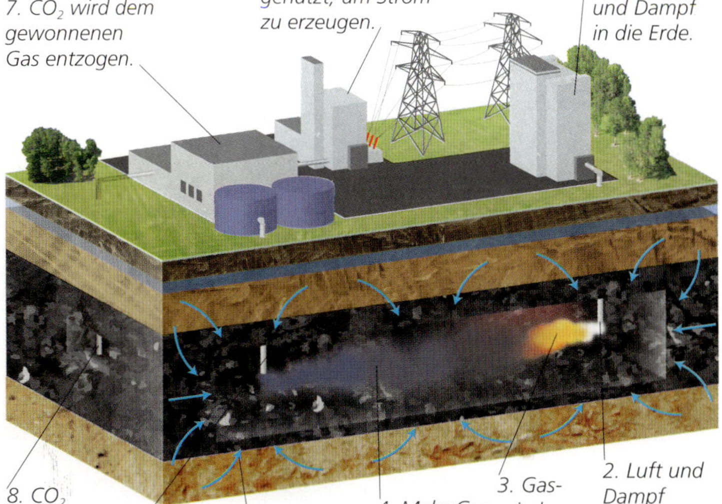

UNTERIRDISCHE KOHLEVERGASUNG

Anstatt die Kohle abzubauen, kann man sie auch, solange sie noch in der Erde ist, in Gas umwandeln und das Gas als einen viel effektiveren Brennstoff nutzen. Luft und Dampf werden in ein Kohleflöz gepumpt, wodurch Wasserstoff, Methan und CO_2 entweichen. Die Gasmischung wird entzündet, um Hitze zu erzeugen, die noch mehr Kohle in Gas umwandelt. Das wird durch den Druck des Grundwassers festgehalten und durch ein Sammelrohr an die Oberfläche geleitet. Dort kann das CO_2 der Mischung entzogen und wieder unter die Erde gepumpt werden, und mit dem Gas wird Strom erzeugt.

ERDGAS

Verbrennt man, um Strom zu erzeugen, Erdgas anstatt Kohle, werden pro Watt etwa 40 % weniger CO_2 freigesetzt. Außerdem ist es viel sauberer, weil es keinen Ruß oder Schwefelverbindungen hervorbringt. Obwohl also auch Gas ein fossiler Brennstoff ist, kann schon der Umstieg von Kohle auf Gas die CO_2-Emissionen gewaltig senken. Das unverbrannte Gas ist jedoch v. a. Methan, das ein viel stärkeres Treibhausgas ist als CO_2. So kann jedes Gasleck, vielleicht in einer Pipeline wie dieser hier in Kanada, jeden Vorteil, den Gas gegenüber Kohle hat, wieder zunichtemachen.

Modell eines LNG-Tankers

FLÜSSIGES GAS

Erdgas kann heute in besonderen Gastankern als Flüssigerdgas (LNG) rund um die Welt transportiert werden. Der Verflüssigungsprozess erfordert Energie, weshalb LNG als Treibstoff bis zu 30 % weniger effektiv ist als gewöhnliches Erdgas – doch ist es sehr viel effektiver als Kohle. LNG ist hochexplosiv, sodass es schwierig ist, einen geeigneten Ort für Gasterminals zu finden. Da viele der weltweiten Gaslagerstätten heute so gut wie ausgebeutet sind, kann es bald unverzichtbar sein, Gas in LNG-Tankern rund um die Welt zu transportieren, wenn wir nicht länger von Kohle abhängig sein wollen.

Kernenergie

Es gibt eine zuverlässige Energiequelle, die, wenn sie erst einmal sprudelt, keinerlei Treibhausgase freisetzt. Kernenergie oder Atomkraft nutzt die gewaltige Energiemenge, die durch radioaktives Uran frei wird, wenn man seine Atomkerne in einem Kernreaktor spaltet. Doch ist die radioaktive Strahlung extrem gefährlich und da ein Reaktor auch zur Herstellung von Atomwaffen genutzt werden kann, wird das Thema Kernkraft heiß diskutiert.

KERNSPALTUNG
Ein Uran-Atom ist unglaublich klein, doch kann man es dazu bringen, eine riesige Energiemenge freizusetzen, indem man seinen Kern in der Mitte in zwei noch kleinere Teile spaltet. Dazu beschießt man es mit einem winzigen Teilchen, einem Neutron. Jeder Atomkern, der gespalten wird, setzt Energie und weitere Neutronen frei. Die spalten in einer Kettenreaktion weitere Atomkerne. Eine unkontrollierte Kettenreaktion kann zu einer nuklearen Explosion führen, doch wenn sie in einem sorgfältig gebauten Kernreaktor abläuft, entsteht nur sehr viel Wärme.

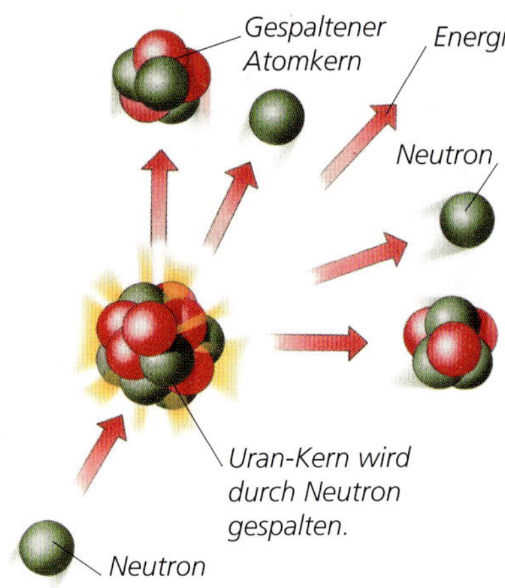

KERNKRAFTWERK
Dieses Kernkraftwerk hat zwei Kernreaktoren. Jeder enthält Brennstäbe aus radioaktivem Uran, die in einer Kettenreaktion reagieren. Die Reaktion wird durch „Kontrollstäbe" reguliert, die zwischen den radioaktiven Brennstäben abgesenkt werden, um Neutronen zu absorbieren und das Uran daran zu hindern, weiter zu reagieren. Bei der Kernreaktion entsteht Wärme, die eine Flüssigkeit erhitzt, die durch einen Kessel gepumpt wird, um Wasser in Dampf umzuwandeln. Der treibt Turbinen, die an Stromgeneratoren angeschlossen sind.

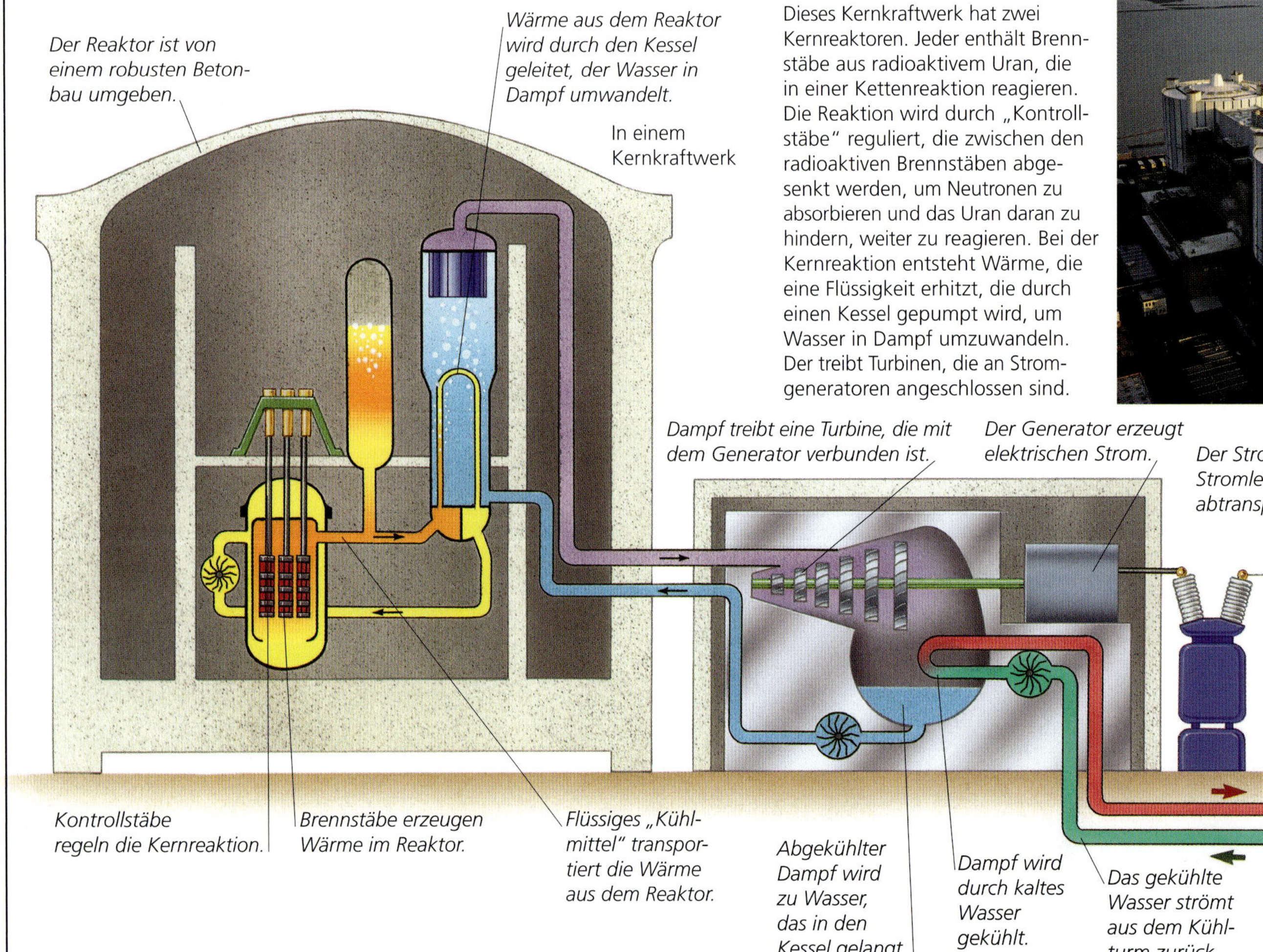

KRAFTVOLL OHNE KOHLENSTOFF
In Frankreich werden fast 80 % des elektrischen Stroms durch Kernkraft erzeugt. Damit fährt auch der berühmte Hochgeschwindigkeitszug, der Train à Grande Vitesse (TGV), der lange Strecken mit Geschwindigkeiten von bis zu 300 km/h zurücklegt. Damit macht er dem Luftverkehr Konkurrenz, setzt aber keinerlei Kohlenstoff frei. So hat Frankreich im Verhältnis zu seinem Wohlstand einen relativ geringen „Kohlenstoff-Fußabdruck". Kernkraft ist also vergleichsweise klimafreundlich, aber Kernkraftwerke sind sehr teuer und haben eine sehr lange Bauzeit. Zudem wird nach der Atomkatastrophe in Japan 2011 die Sicherheit der Kraftwerke immer stärker infrage gestellt.

RADIOAKTIVER MÜLL
Ein Kernkraftwerk braucht nur eine geringe Menge an nuklearem Brennstoff, doch der Abfall bleibt noch Tausende von Jahren radioaktiv. Das ist ein großes Problem, weil die Strahlung sehr gesundheitsschädlich ist. Der Abfall muss in Zwischenlagern deponiert werden, während Forscher nach einer Möglichkeit suchen, ihn sicher zu entsorgen. Hier wird Atommüll in einem Wassertank gelagert.

ATOMWAFFEN

Kernreaktoren können nicht nur Strom erzeugen, sondern auch so umgerüstet werden, dass man dort Atomwaffen bauen kann, die ganze Städte zerstören können. Wird Kernkraft weithin genutzt, könnten mehr Länder Atomwaffen entwickeln und sie möglicherweise einsetzen, um ihre Feinde zu bedrohen oder gar zu vernichten. Radioaktives Material könnte auch von Terroristen gestohlen werden, die es in gewöhnlichem Sprengstoff verpacken und so „schmutzige Bomben" herstellen, die gefährlichen radioaktiven Staub verteilen.

Australische Uranmine

URANABBAU

Uran – das radioaktive Material, das als atomarer Brennstoff genutzt wird – ist selten und könnte in den kommenden Jahrzehnten knapp werden. Sein Abbau erfordert sehr viel konventionelle Energie, die Treibhausgase freisetzt, genau wie der Bau eines Kernkraftwerks, weshalb auch Kernkraft nicht ganz kohlenstoffneutral ist. Zudem hinterlassen die Minen tiefe Narben in der Landschaft.

KERNFUSION

Wenn kleine Atomkerne mit Wucht aufeinanderprallen, können sie miteinander zu größeren Kernen verschmelzen. Das ist das Gegenteil von Kernspaltung, erzeugt aber ebenfalls gewaltige Energiemengen. Die gesamte Energie, die von der Sonne abgestrahlt wird, entsteht durch eine solche Kernfusion. Dazu braucht man keinen atomaren Brennstoff und es entsteht kein radioaktiver Abfall. Aber es erfordert eine gigantische Energiezufuhr, um den Prozess in Gang zu setzen, und ihn zu kontrollieren, ist sehr schwierig. Experimentelle Fusionsreaktoren werden heute weltweit getestet, doch es wird noch sehr lange dauern, bis man durch Kernfusion elektrischen Strom erzeugen kann.

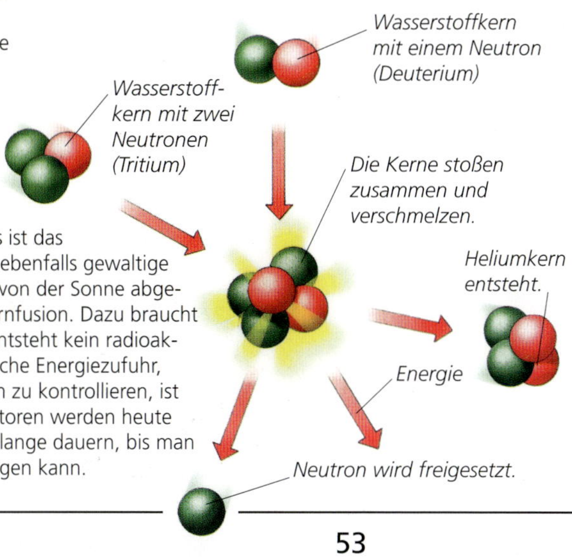

ATOMARE STÖRFÄLLE

1986 wurde der Reaktor in Tschernobyl bei Kiew (Ukraine) zu heiß und explodierte. Radioaktiver Staub verteilte sich über eine große Fläche der damaligen UdSSR und etwas davon wurde durch Wind um die ganze Welt getragen. Viele Menschen starben an nuklearer Vergiftung, darunter viele der Arbeiter, die versuchten, die Verschmutzung zu beseitigen (oben). Noch sehr viele mehr erkrankten wahrscheinlich an Krebs, der durch die radioaktive Strahlung ausgelöst wurde. 2011 kam es durch den von einem Erdbeben ausgelösten Tsunami im Kernkraftwerk von Fukushima (Japan) zu mehreren Störfällen. Danach wurde hohe radioaktive Strahlung freigesetzt und kontaminiertes Wasser ins Meer geleitet. Die Folgen der Katastrophe sind noch nicht absehbar.

Erneuerbare Energien

Jahrhundertelang hat der Mensch die Energie von Wind und fließendem Wasser genutzt, um Wind- und Wassermühlen anzutreiben. Heute kann man damit auch Stromgeneratoren antreiben. Sonnenenergie und sogar vulkanische Hitze können ebenfalls in Strom umgewandelt werden. Solche Energiequellen werden als erneuerbar bezeichnet, weil sie nie aufgebraucht werden. Sie können vielleicht nicht unseren gesamten Energiebedarf decken, doch setzen sie in der Regel keine klimaschädlichen Treibhausgase frei.

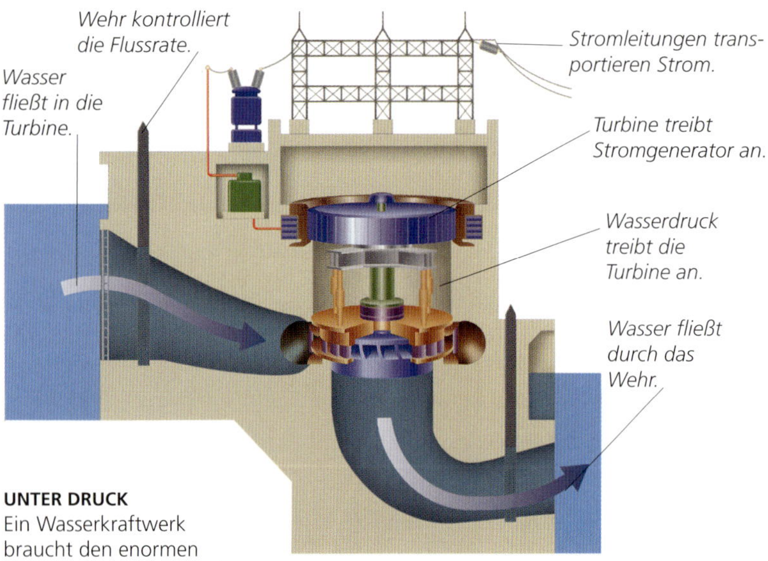

UNTER DRUCK
Ein Wasserkraftwerk braucht den enormen Wasserdruck, der entsteht, wenn sehr viel Wasser gegen einen Damm drückt. Der Wasserdruck treibt die Rotorblätter riesiger Turbinen, die sich in Tunneln im Damm befinden, und diese Turbinen treiben die Generatoren, die den Strom erzeugen. Die Wasserströmung kann mithilfe von Schleusentoren, den Wehren, in den Tunneln kontrolliert und sogar ganz unterbrochen werden. So kann die Leistung des Kraftwerks dem Bedarf und der Wassermenge angepasst werden. Das Unterbrechen des Wasserflusses erlaubt es, die Turbinen und anderes Gerät zu warten.

GEZEITENKRAFT
Ein Gezeitenkraftwerk kann man an einer Bucht, in der es Ebbe und Flut gibt, bauen. Bei Flut strömt das Wasser durch Tore im Damm in die Bucht. Auf dem Höhepunkt der Flut werden die Tore geschlossen, und wenn die Ebbe einsetzt, lässt man das Wasser durch Turbinen, die Stromgeneratoren antreiben, wieder hinausströmen. Manche Systeme, wie dieses Gezeitenkraftwerk in Frankreich, nutzen sowohl die Ebbe als auch die Flut. Gezeitenkraftwerke erzeugen saubere Energie, können aber für die Küstenlebensräume sehr schädlich sein, weil sie die natürlichen Strömungen von Ebbe und Flut behindern.

WASSERKRAFT
Mithilfe von Wasser kann man Turbinen antreiben, die an Stromgeneratoren angeschlossen sind. Um einen gleichmäßigen Fluss sicherzustellen, wird das Wasser in Stauseen gespeichert, die man anlegt, indem man riesige Dämme durch hoch gelegene Flusstäler zieht. Daher können die Kraftwerke nur in geeignetem Gelände gebaut werden. Die Dämme schaden der Natur und oft versalzen die Stauseen. Dennoch ist Wasserkraft eine bewährte, verlässliche Technologie, die derzeit 15 % der weltweiten Stromversorgung liefert.

WELLEN UND MEERESSTRÖMUNGEN
Es wurden schon einige Kraftwerke gebaut, die Wellenenergie nutzen, doch sie funktionieren nur in exponierter Lage, wo es das ganze Jahr über große Wellen gibt, richtig gut. Entwürfe, die die Meeresströmungen miteinbeziehen, sind vielversprechender. Das Bild unten zeigt, wie man mithilfe riesiger Unterwasserturbinen aus dem schnell fließenden Golfstrom nahe der Bahamas Strom erzeugen könnte. Man schätzt, dass sich auf diese Weise so viel Strom erzeugen lässt wie mit einem Kernkraftwerk.

WINDKRAFT
Wind wird bereits in großem Umfang in „Windparks" aus Hightech-Windenergieanlagen genutzt. Viele liegen an Land, oft in hügeliger, schöner Landschaft, wo die Menschen sie als störend empfinden. Offshore-Windparks vor der Küste, wie dieser bei Kopenhagen in Dänemark, sind stärkeren, dauerhafteren Winden ausgesetzt und können weit weg vom Land gebaut werden, doch gibt es Bedenken, dass Seevögel durch die riesigen Rotorblätter getötet werden könnten. Das Hauptproblem ist, dass Windräder nur bei Wind funktionieren. Das heißt, man braucht zusätzliche Energie aus Back-Up-Systemen, die oft fossile Brennstoffe benötigen.

ERDWÄRME
In vulkanischen Gebieten kann man Energie aus heißem Gestein und Wasser unter der Erde holen. Sie kann direkt für das Heizen von Wasser und Häusern genutzt werden, wie in Island, wo 90 % der Gebäude auf diese Weise beheizt werden. Die Wärme kann auch Turbinen eines Kraftwerks antreiben, wie hier in Wairakei (Neuseeland). Erdwärme in Kalifornien, Mexiko, Indonesien, Italien und Island erzeugt so viel Strom wie etwa zehn große Kohlekraftwerke, könnte aber viel mehr genutzt werden – überall dort, wo es vulkanische Aktivität gibt.

SOLARENERGIE
Die meisten Solaranlagen sind eher klein, doch hat man in sehr sonnigen Gebieten wie Kalifornien und Spanien einige große Kraftwerke gebaut. Sie nutzen Spiegel, um die Sonnenstrahlen auf einen Turm zu konzentrieren, der die Hitze sammelt und damit eine Turbine und einen Generator antreibt. Mit effizienteren Stromleitungen könnten solche Kraftwerke auch Städte in weniger sonnigen Gebieten mit Strom versorgen.

Geschnittenes Zuckerrohr

Zuckerrohrfeld

WIRKLICH BIO?
Pflanzlicher Brennstoff erzeugt immer CO_2. Baut man mehr Pflanzen an, als man erntet, können sie das freigesetzte CO_2 wieder absorbieren. Manche dieser Feldfrüchte können direkt als Brennstoff genutzt werden, doch Pflanzen wie Chinaschilf und Zuckerrohr werden in Heizöl und Ethanol umgewandelt. Um unsere herkömmlichen fossilen Brennstoffe durch Biokraftstoff zu ersetzen, müssten wir unser gesamtes heutiges Ackerland dafür nutzen. Außerdem würden durch den Einsatz von Düngemitteln und landwirtschaftlichen Maschinen Treibhausgase entstehen.

Unter Strom

Für eine aufwendige Infrastruktur braucht man große Kraftwerke, die sehr viel Strom erzeugen, doch Privathaushalte und kleine Gemeinden können ihren Energiebedarf ganz oder teilweise selbst decken – ohne fossile Brennstoffe. Zwar ist die Technologie für diese Stromerzeugung noch nicht sehr effektiv und vorläufig noch sehr teuer, doch ihre Leistungsfähigkeit wird sich erhöhen, und wenn immer mehr Menschen Solarplatten oder Erdwärmepumpen benutzen, werden sie auch günstiger. Bald werden sie so häufig sein wie Satellitenschüsseln.

SONNENWARMES WASSER
Sonnenenergie gibt es gratis, reichlich und sauber ist sie auch. Im Privathaushalt lässt sie sich am effektivsten für das Erhitzen von Wasch- und Badewasser nutzen. Viele Systeme verwenden Dachplatten, die aus Kupferrohren in Glasröhren bestehen. Sonnenlicht, das durch das Glas dringt, erhitzt Flüssigkeit, die durch die Rohre gepumpt wird, und die heiße Flüssigkeit erhitzt das Wasser. Ein herkömmlicher Heizkessel kann das System im Winter unterstützen, aber im Sommer liefert die Sonne genug Energie, um die Wassertemperatur auf über 60 °C zu erhitzen.

HOLZÖFEN
Holz oder sonstiges pflanzliches Material in einem Festbrennstoffofen zu verbrennen, um damit zu heizen, ist kohlenstoffneutral, wenn das dabei freigesetzte CO_2 durch nachwachsende Pflanzen absorbiert wird. Auch Holzabfälle oder andere Abfallprodukte wie Pappe und Papier, die sonst auf Müllkippen landen würden, kann man als Brennstoff nutzen. Doch solche „Biomassebrennstoffe" sind nur für den Hausgebrauch geeignet, denn um so viel davon anzubauen, dass man eine ganze Stadt damit beheizen könnte, würde man viel zu viel Ackerland brauchen.

SOLARSTROM
Manche Solarplatten erzeugen elektrischen Strom. Sie sind aus vielen fotovoltaischen Elementen zusammengesetzt, die Licht in elektrischen Strom umwandeln. Am besten funktionieren sie in sonnigen Gebieten, etwa in den südlichen USA, wo sie Klimaanlagen antreiben. In Entwicklungsländern liefern Solarplatten, die an Batterien angeschlossen sind, Licht für Haushalte, die sonst auf Öllampen angewiesen wären. Hier erlaubt es der klare Himmel über Zentralasien, dass eine kleine Solaranlage den Fernseher einer Mongolenfamilie betreibt – der an eine so riesige Satellitenschüssel angeschlossen ist, dass die traditionelle Behausung daneben nahezu winzig aussieht.

WINDTURBINEN
Seit Jahrzehnten nutzen Segler Windgeneratoren, um die Batterien ihrer Boote wieder aufzuladen. Eine ähnliche Technik kann elektrischen Strom für Haushalte erzeugen, wenngleich ein kleines Windrad wie dieses nur einen Bruchteil des Stroms, den ein Durchschnittshaushalt verbraucht, liefern kann. Größere Turbinen produzieren mehr Strom, doch sind viele Häuser nicht stabil genug, um sie tragen zu können. Dennoch wird es effizientere Windräder geben – und wenn die Menschen Wege finden, weniger Energie zu verbrauchen, dann ist Windkraft eine echte Alternative.

EINFACHE TECHNOLOGIE
Ein Vorteil von kleinen Energieerzeugungssystemen ist, dass sie leicht aufzustellen und zu warten sind. Windräder wie diese werden seit Jahrhunderten genutzt, um Wasser zu pumpen, weil sie einfach und zuverlässig sind und ohne Expertenwissen und -ausrüstung repariert werden können. Kleine Stromgeneratoren sind komplizierter, aber viele können noch von ihren Nutzern selbst gewartet werden. Das macht sie ideal für den Einsatz in Entwicklungsländern und für Menschen, die in entlegenen Gegenden wohnen. Außerdem kann man mit ihrer Hilfe bequem leben, ohne von einem nationalen Stromnetz abhängig zu sein, was wertvoll ist, wenn die konventionelle Stromversorgung ausfällt.

WASSERKRAFT FÜR DEN HAUSGEBRAUCH
Aus Wasser mit hoher Fließgeschwindigkeit – v. a. aus hoch gelegenen Strömen – lässt sich kostenfreie, zuverlässige Energie gewinnen, und das ohne den Ausstoß von Treibhausgasen. Diese kleinen Wasserkraftanlagen verwenden in der Regel kleine Turbinen, nicht die großen Räder, wie Wassermühlen sie haben. Doch man braucht einen ordentlichen Wasservorrat, um genügend Wasserdruck zu erzeugen und die Turbine auch bei trockenem Wetter am Laufen zu halten, und das erfordert oftmals das Anlegen eines modernen „Mühlenteichs". Die wenigsten haben genug Platz dafür, selbst wenn sie genug Wasser haben.

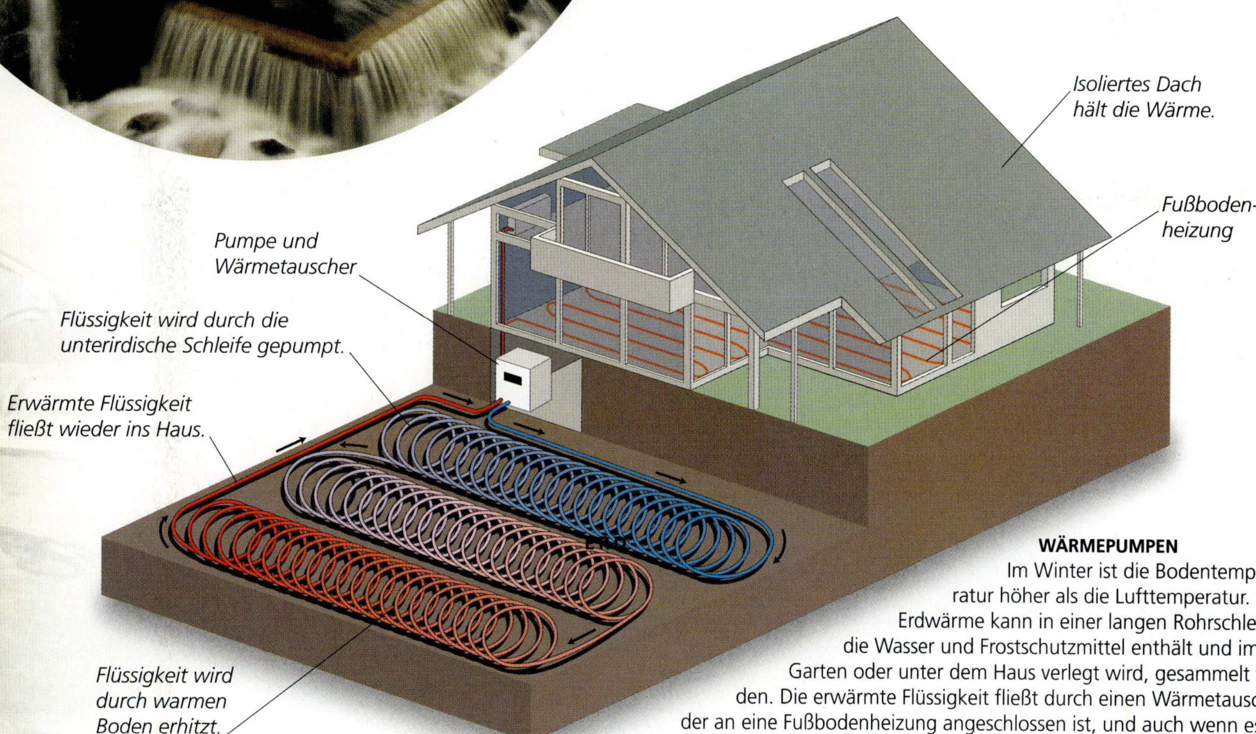

WÄRMEPUMPEN
Im Winter ist die Bodentemperatur höher als die Lufttemperatur. Die Erdwärme kann in einer langen Rohrschleife, die Wasser und Frostschutzmittel enthält und im Garten oder unter dem Haus verlegt wird, gesammelt werden. Die erwärmte Flüssigkeit fließt durch einen Wärmetauscher, der an eine Fußbodenheizung angeschlossen ist, und auch wenn es eine elektrische Pumpe erfordert, erzeugt diese Technik bis zu 4-mal mehr Energie als sie verbraucht. In den USA gibt es bereits etwa 600 000 Erdwärmepumpen.

Energiesparen

Ohne die klimaschädlichen fossilen Brennstoffe ist die Stromversorgung schwierig. Windparks beispielsweise erzeugen viel weniger Strom als Brennstoffkraftwerke und der Wind weht nicht immer. Aber wenn wir alle weniger Energie verbrauchten, könnten Wind- oder Wasserkraft einen größeren Anteil unseres Bedarfs decken. Wir können dazu beitragen, indem wir sparsam mit Energie umgehen oder darauf achten, dass Geräte bei gleicher Leistung weniger Strom verbrauchen.

PURE VERSCHWENDUNG!
Viele unserer Elektrogeräte wurden konstruiert, ohne ihren Energieverbrauch zu berücksichtigen. Jedes Gerät, das einen eigenen Netzstecker hat, der an einer Steckdose angeschlossen wird, verbraucht ununterbrochen Strom – auch wenn es nicht genutzt wird –, außer der Strom wird an der Steckdose abgeschaltet. Viele Geräte, wie DVD-Rekorder und digitale TV-Receiver mit eingebauten Uhren und Sendersuchläufen, sind so gebaut, dass sie niemals ausgeschaltet werden sollen. Zieht man ihren Stecker, muss man sie möglicherweise neu programmieren, also lässt man sie immer auf „Stand-by“. Plasmafernseher wie dieser verbrauchen fast 5-mal so viel Energie wie herkömmliche Fernsehgeräte und 30–65 % mehr als gleich große LCD-Geräte.

ENERGIESIEGEL
Manche Haushaltsgeräte, Kühlschränke etwa, müssen immer eingeschaltet sein, und andere, etwa Waschmaschinen, laufen oft mehrere Stunden am Tag. Dabei können sie eine Menge Energie verschwenden. Deshalb werden neue Küchengeräte heute in einem Großteil der Welt mit ihrer Energiesparquote gekennzeichnet, sodass die Verbraucher verschwenderische Modelle meiden können. Diese Plaketten für eine neuseeländische Waschmaschine zeigen ihren Energieverbrauch und ihre Effizienz sowie ihren Wasserverbrauch.

SPARSAME ERLEUCHTUNG

Normale Glühlampen, wie wir sie seit ihrer Erfindung im Jahr 1879 durch Thomas Edison zu Hause benutzen, sind alles andere als sparsam. Nur etwa 5 % des Stroms, der eine normale 100-Watt-Birne betreibt, werden tatsächlich in Licht umgewandelt – die restlichen 95 % werden als Wärme verschwendet. „Energiesparlampen" wie diese produzieren etwa 4-mal mehr Licht pro Watt Elektrizität und sind langlebiger. Deshalb tritt 2012 in der EU ein Glühlampenverbot in Kraft. LED-Lampen sind sogar noch leistungsfähiger.

BAURICHTLINIEN

Im Winter geben viele Häuser über ihre Wände, Fenster, Türen, Dächer und sogar Fußböden Wärme ab, was dazu führt, dass die Heizung mehr Energie verbraucht. Dieses Infrarotbild zeigt, wie Wärme – weiß und rot – aus dem Haus entweicht, die kühleren Flächen sind blau dargestellt. Besseres Design und Baurichtlinien können das weitgehend verhindern. Neue Häuser, die den strengen schwedischen Baurichtlinien genügen, verbrauchen z. B. 4-mal weniger Energie als viele ältere Häuser in Großbritannien.

GESCHÄFTE UND BÜROS

In Läden und Büros wird viel Energie verschwendet. Supermärkte haben offene Kühltruhen, Computer sind oft die ganze Nacht lang in Betrieb. Im Gegensatz dazu ist der Swiss Re Tower in London energiesparend gebaut. Seine Form minimiert die kühlende Wirkung des Windes und maximiert den Lichteinfall – das spart Energie für Heizung und Beleuchtung.

ÖKOHÄUSER

Man kann Häuser so bauen, dass sie so gut wie gar keine Energie für Heizung oder Klimaanlagen benötigen. Dank sehr effektiver Wand- und Dachisolierung sowie dreifach verglaster Fenster, die die natürliche Lichtenergie optimal nutzen, sind sie von sich aus im Winter wärmer und im Sommer kühler. Dieser europäische Hausentwurf soll zudem nur Energie aus erneuerbaren Quellen nutzen, erzeugt durch Solarplatten und ein örtliches Wärme- und Stromkraftwerk, das mit Abfallprodukten betrieben wird.

ÖKOSTÄDTE

Ganze Gemeinden sind dahingehend umgebaut oder gleich so entworfen worden, dass sie möglichst wenig Energie verbrauchen. Dazu gehört Freiburg, das etwa 6500 Energiesparhäuser mit Solarenergie besitzt. Die neue Stadt Dongtan auf der Insel Chongmin nahe Shanghai (China) wird als erste „Ökostadt" erbaut, mit erneuerbarem Strom aus ihrem eigenen Windpark. Diese künstlerische Impression von Arup, den Projektbetreibern, zeigt das geplante South Village.

Grün unterwegs

Die Beförderung von Menschen und Frachtgut macht mindestens 14 % der weltweiten Treibhausgasemissionen aus. Diese Quote steigt, vor allem in vielen Entwicklungsländern. Die Technik mag Abhilfe schaffen, indem man sparsamere Fahrzeuge entwickelt, die mit umweltschonenderen Treibstoffen laufen. Doch die meisten spannenderen Ideen sind noch im Entwurfsstadium und einige mögen in der Praxis nicht funktionieren. Vorerst ist also die beste Möglichkeit, Treibhausgasemissionen durch Verkehrsmittel zu reduzieren, unsere Reisegewohnheiten zu ändern.

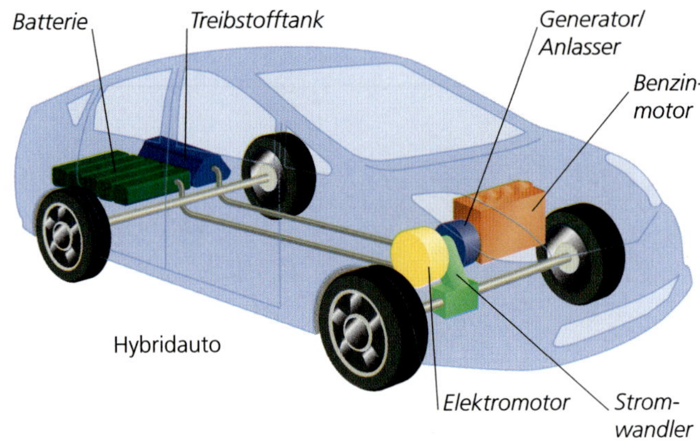

ELEKTROAUTOS UND HYBRIDFAHRZEUGE
Elektroautos sind umweltfreundlicher als normale Autos, können aber nicht weit fahren, und es dauert lange, sie wieder aufzuladen. Eine Alternative ist das Hybridauto, dessen kleiner Motor an einen Generator angeschlossen ist, der eine Batterie auflädt. Die treibt einen Elektromotor, der die Antriebskraft des Motors durch einen Stromwandler verstärkt. Da der Elektroantrieb nur bei Bedarf eingesetzt wird, erzeugt das Auto weniger CO_2 als herkömmliche Autos.

Der stabile Rahmen sorgt für Sicherheit.

Leichte Materialien reduzieren Emissionen.

AUTODESIGN
Automotoren sind sparsamer als früher und im Vergleich zu ihrer Leistung stoßen sie weniger Treibhausgase aus. Doch die meisten Autos sind auch schwerer und schneller als früher, sodass sie größere, stärkere Motoren brauchen, die mehr Treibstoff benötigen. Viele Hersteller stellen sich allerdings gegen den Trend und bauen kleine, leichte Autos wie den hier gezeigten Smart. Die produzieren viel weniger Treibhausgase, weil sie nur kleine Motoren haben.

Container enthält gebrauchtes Speiseöl aus Restaurants.

AUS ALT MACH NEU
Die meisten Autos werden mit fossilen Brennstoffen betrieben, sie können aber auch mit erneuerbaren pflanzlichen Treibstoffen fahren. Benzinmotoren können einen Anteil Ethanol, einen pflanzlichen Alkohol, verbrennen, und Dieselmotoren laufen auch mit „Biodiesel" aus Sonnenblumen oder Soja. Feldfrüchte nur zur Treibstoffgewinnung anzubauen, bringt mehr Schaden als Nutzen, aber man kann Dieselmotoren so umrüsten, dass sie recyceltes Speiseöl verbrennen. Das Öl lässt sich in einer solchen Heimraffinerie reinigen.

WASSERSTOFF

Wasserstoff könnte ein sauberer Treibstoff sein, denn wenn man ihn mit Sauerstoff mischt und verbrennt, entsteht nur Energie und Wasserdampf, der wieder zu flüssigem Wasser kondensiert werden kann. Wasserstoff kann auch aus Wasser gewonnen werden, doch das erfordert sehr viel elektrischen Strom. Das Gas kann nur in einem normalen Treibstofftank transportiert werden, wenn man es verflüssigt. Dazu kühlt man es auf die enorm niedrige Temperatur von −253 °C ab. Trotzdem werden mit Wasserstoff getriebene Fahrzeuge wie dieser Bus hier getestet, meistens auf der Basis von „Brennstoffzellen", die mit dem Wasserstoff Elektrizität erzeugen, die dann einen Elektromotor betreibt.

BIOKRAFTSTOFFE

Biokraftstoffe mögen an sich kohlenstoffneutral sein, aber der Anbau entsprechender Pflanzen wie Ölpalmen führt bereits zur Zerstörung von tropischen Regenwäldern. Der Anbau der Pflanzen setzt auch Stickstoffoxid, ein extrem starkes Treibhausgas, frei. So kann die Nutzung von Biokraftstoff anstelle fossiler Brennstoffe am Ende zu einem höheren Treibhausgasausstoß führen, um bis zu mehrere 100 %.

ÖFFENTLICHE VERKEHRSMITTEL

Großstadtbewohner nutzen regelmäßig Busse, Züge und Straßenbahnen wie hier in Amsterdam (Niederlande). Öffentliche Verkehrsmittel nutzen Energie viel effizienter als Autos, weil sie sehr viele Passagiere befördern und oft auch viel sparsamere Technik einsetzen, etwa einen Elektroantrieb. Abseits der Stadtzentren sind öffentliche Verkehrsmittel weniger beliebt, weil sie nicht so häufig fahren, deshalb nehmen viele Menschen lieber das Auto. Aber steigende Benzinpreise und Staus könnten mehr Menschen dazu bringen, künftig auf öffentliche Verkehrsmittel umzusteigen.

IN DIE PEDALE!

Auf kurzen Strecken sind Fahrräder schneller als Autos und das einzige Treibhausgas, das sie freisetzen, ist das CO_2 im Atem ihrer Fahrer. Peking in China, hier zur morgendlichen Rushhour, ist berühmt für seine Scharen von Radfahrern. Auch viele andere Städte rufen zum Radfahren auf und Autos sind aus einigen Stadtzentren so gut wie verbannt. Die Folgen sind eine viel sauberere, sicherere und freundlichere Umgebung – und viel weniger Treibhausgase.

ABGEHOBEN

Bei jedem Flug eines Düsenflugzeugs wird eine gigantische Menge CO_2 und anderer Schadstoffe ausgestoßen, und zwar in großer Höhe, also im anfälligsten Teil der Atmosphäre. Propellergetriebene Flugzeuge sind sauberer, aber auch viel langsamer. Man erforscht alternative Treibstoffe, doch auch die sind kaum die Lösung. Nur größere, effizientere Flugzeuge wie dieser Airbus A380 helfen vielleicht, die Emissionen zu kontrollieren, vorausgesetzt, der Luftverkehr bleibt auf dem heutigen Niveau.

EINFACH MAL ABSCHALTEN
Große Mengen Treibhausgase entstehen dadurch, dass Elektrogeräte völlig grundlos laufen. Viele Geräte haben einen „Stand-by"-Modus, in dem sie scheinbar ausgeschaltet sind, in Wirklichkeit aber Strom verbrauchen. Netzadapter, die kleine Elektrogeräte antreiben oder aufladen, verbrauchen ebenfalls Strom, solange der Stecker in der Dose ist. Wenn du Geräte, die du gerade nicht nutzt, an der Steckdose abschalten kannst, ohne die gespeicherten Daten zu verlieren, dann tu es.

Dein Kohlenstoff-Fußabdruck

Auch du kannst etwas gegen den Klimawandel tun: Verkleinere deinen „Kohlenstoff-Fußabdruck". Das ist die Menge CO_2, die durch das, was du tust, freigesetzt wird. Es ist die Spur, die du auf der Erde hinterlässt. Jede Kleinigkeit zählt, wenn alle mitmachen. Das Licht auszuschalten, wenn wir das Zimmer verlassen, spart vor allem Geld. Andere Entscheidungen fallen schwerer, etwa nicht zu fliegen oder auf öffentliche Verkehrsmittel umzusteigen. Vielleicht wird der Kohlenstoff irgendwann „rationiert" und jeder bekommt seinen Anteil am gesamten Kohlenstoff-Fußabdruck. Dann kann jeder entscheiden, wofür er seinen Anteil nutzen will. Bis dahin erscheinen dir deine Bemühungen angesichts der weltweiten Energieverschwendung vielleicht sinnlos. Lass dich dadurch nicht entmutigen. Die Erde braucht dich.

COOLER DREH
Eine Zentralheizung wird durch einen Thermostaten gesteuert, der sie ausschaltet, wenn sich das Zimmer erwärmt. Den Thermostaten um nur 1 °C herunterzudrehen, spart 235 kg CO_2 pro Jahr. Sprich mal mit deiner Familie darüber. Probier's mit 16–18 °C, wenn dir ein bisschen kühl ist, zieh dich wärmer an.

Vegetarische Pizza schmeckt gut, ist gesund und besser für unsere Erde.

NUTZE DEINE MUSKELN!
Autos sind für einen großen Teil der klimaschädlichen Treibhausgasemissionen verantwortlich. Vermeide es, kurze Strecken gefahren zu werden, denn dabei wird pro Kilometer viel mehr Treibstoff verbraucht als auf langen Fahrten. Geh zu Fuß oder nimm das Fahrrad, wenn die Straßen sicher sind. Das hält dich fit und macht auch noch richtig Spaß. Für längere Strecken kannst du den Bus oder die Bahn nehmen. Viele öffentliche Verkehrsmittel haben günstige Tickets für Jugendliche, sodass die Busfahrt billiger sein kann als das Auto. Muss es unbedingt das Auto sein, nimm jemanden mit oder lass dich von einem Freund mitnehmen.

MAN IST, WAS MAN ISST
Eine sehr fleischhaltige Ernährung trägt zum Ausstoß von Treibhausgasen bei, weil etwa durch die Haltung von Rindern viel Methan in die Atmosphäre entweicht. Ein Teil des Fleisches wird aus fernen Ländern importiert, was fossile Brennstoffe erfordert. Ein Teil kommt aus Gebieten, wo Regenwald gerodet wurde, um Weideland für Rinder zu schaffen. Man hat ausgerechnet, dass jeder Bissen Rindfleisch, den wir essen, seinem 6800-fachen Gewicht in Treibhausgas entspricht.

Recyclingtonnen gibt es für Abfall aller Art.

NIMM'S NOCH MAL

Unsere Gewohnheit, Dinge wegzuwerfen, trägt dadurch zum Klimawandel bei, dass die methanerzeugenden Müllberge wachsen. Außerdem verleitet es uns dazu, neue Sachen zu kaufen, bei deren Herstellung wiederum Treibhausgase freigesetzt wurden. Versuch also, Dinge möglichst lange zu nutzen. Wenn sie nicht repariert werden können, versuch, sie recyclen zu lassen, anstatt sie einfach wegzuwerfen. Das gilt für alles, von Flaschen und Plastiktüten bis zu defekten Computern und Fernsehern.

KAUF BEIM NACHBARN

Überrede deine Familie, die Läden in eurer Nähe zu unterstützen, sodass man die Einkäufe zu Fuß oder mit dem Bus erledigen kann. Kauf keine Lebensmittel, die um die halbe Welt gereist sind, wenn es gleichwertige Alternativen aus heimischer Produktion gibt. Nichts gegen ein paar exotische Leckereien, aber es ist sinnlos, per Luftfracht transportiertes Obst zu kaufen, wenn die gleichen Früchte auch bei dir zu Hause wachsen. Gewöhn dir an, einen Blick auf das Etikett „Herkunftsland" zu werfen – und kauf nach Möglichkeit nichts, das viel Verpackung hat.

NIMM DEN ZUG

Vermeide Kurzstreckenflüge. Bei einem Flug von London nach Paris werden 244 kg CO_2 pro Passagier freigesetzt, bei einer Fahrt mit dem Hochgeschwindigkeitszug auf derselben Strecke nur 22 kg pro Passagier. Diese spezielle Reise ist von Stadtmitte zu Stadtmitte sogar schneller. Falls du eine weitere Reise machst, musst du vielleicht fliegen, aber bitte deine Familie, nach Programmen zu fragen, die sich bemühen, die Emissionen des Flugzeugs durch Treibhausgaseinsparungen anderswo auszugleichen.

PFLANZ EIN BÄUMCHEN

Wenn du die Gelegenheit hast, pflanz einen Baum – vorzugsweise einen einheimischen, der den heimischen Tieren ein Zuhause bietet. Was noch wichtiger ist, sorge dafür, dass der Baum auch wächst. Pflanze ihn dort, wo er voll auswachsen kann, und wässere ihn gut, solange er klein ist. Es wird lange dauern, bis er so groß ist, dass er viel CO_2 aus der Atmosphäre aufnehmen kann, doch selbst ein einziger Baum könnte eine Menge Treibhausgase, die du in deinem Leben produzieren wirst, ausgleichen. Wenn du nicht selbst einen Baum pflanzen kannst, unterstütze eine Waldinitiative.

Verursacher von Treibhausgasen

Die von den Menschen zusätzlich erzeugten Treibhausgase in der Atmosphäre tragen maßgeblich zur Erderwärmung bei. Diese absorbieren die von der Erde zurückgeworfene Wärmestrahlung, die sich sonst ins All verflüchtigen würde. Wir kennen mehrere dieser Treibhausgase, die verschiedene Quellen haben. Länder mit hohem Wohlstand haben den höchsten Ausstoß an solchen Gasen.

AUSSTOSS NACH BRANCHEN

Der größte Anteil an ausgestoßenen Treibhausgasen stammt aus natürlichen Zerfallsprozessen wie der Verwesung organischer Substanzen sowie aus der Atmung der Lebewesen. Danach folgen bereits die Aktivitäten der Menschen, allen voran die Verbrennung von fossilen Brennstoffen. Es gibt im Wesentlichen acht große Emissionsbereiche. Größte Verursacher sind die Kraftwerke, die Kohle, Öl und Gas zur Stromerzeugung verbrennen. Der Verbrauch durch den Verkehr wächst rasant. In naher Zukunft könnte sich das Bild drastisch wandeln, wenn die tropischen Wälder bis auf Reste verschwinden – es sei denn, der Verbrauch fossiler Brennstoffe wird radikal zurückgefahren.

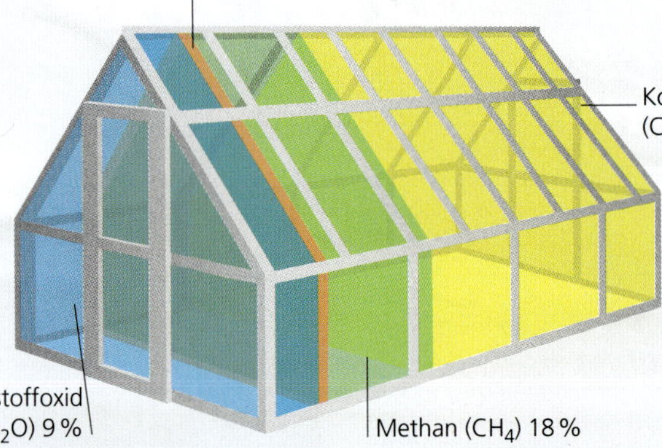

AUSSTOSS NACH GEWICHT

Eine Anzahl Gase, die durch menschliche Aktivitäten freiwerden, tragen verstärkt zum Treibhauseffekt bei. Diese Darstellung zeigt die relativen Mengenverhältnisse der wichtigsten, vom Menschen erzeugten Treibhausgase. Das Kohlendioxid steht mengenmäßig an der Spitze, während die anderen Gase in wesentlich geringeren Mengen die Atmosphäre belasten. Dafür sind sie aber deutlich wirksamer als das CO_2.

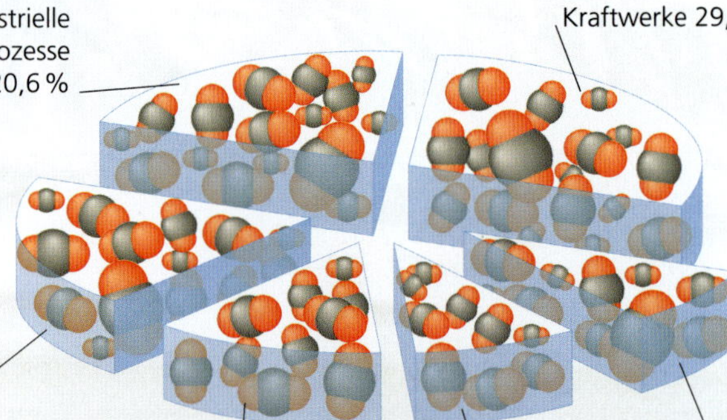

KOHLENDIOXIDAUSSTOSS NACH BRANCHEN

Von allen Treibhausgasen, die wir ausstoßen, hat Kohlendioxid die stärksten Auswirkungen auf das Klima. Besonders viel stammt aus Kraftwerken, die mit Kohle oder Erdölprodukten befeuert werden sowie aus der Industrie und dem Verkehr. Die Holzindustrie verbraucht Wälder, die eigentlich CO_2 binden.

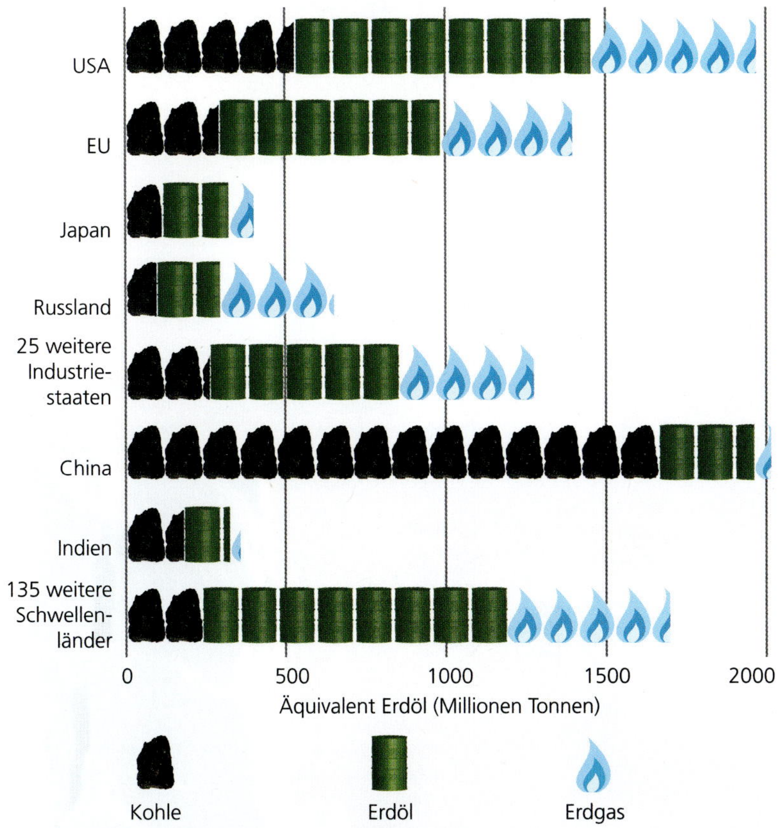

VERBRAUCH FOSSILER BRENNSTOFFE
Hauptursache für die zusätzlichen Mengen an Kohlendioxid, die in die Atmosphäre gelangen, ist die Verbrennung fossiler Brennstoffe. Dazu zählen alle Formen von Kohle, alle Erdölprodukte sowie Erdgas. Alle enthalten große Mengen Kohlenstoff. Das Diagramm zeigt den jährlichen Verbrauch nach Ländern und Regionen. Die größten Verbraucher fossiler Brennstoffe sind die USA und China, dann folgt die EU. Das meiste CO_2 pro Energieeinheit – mehr als bei allen anderen Quellen – stammt aus der Kohleverbrennung. Länder mit einem hohen Kohlekraftwerkanteil, wie etwa China, belasten das Klima stärker als Länder, die mehr Gaskraftwerke betreiben.

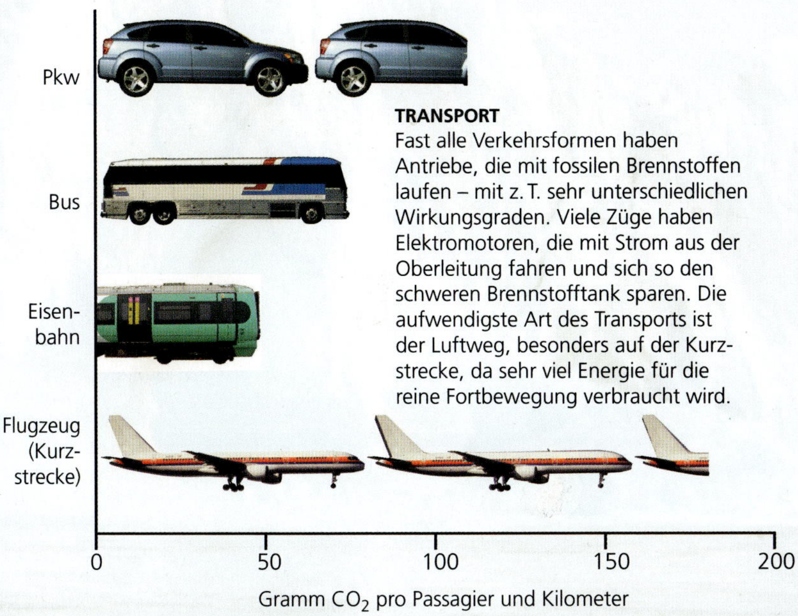

TRANSPORT
Fast alle Verkehrsformen haben Antriebe, die mit fossilen Brennstoffen laufen – mit z. T. sehr unterschiedlichen Wirkungsgraden. Viele Züge haben Elektromotoren, die mit Strom aus der Oberleitung fahren und sich so den schweren Brennstofftank sparen. Die aufwendigste Art des Transports ist der Luftweg, besonders auf der Kurzstrecke, da sehr viel Energie für die reine Fortbewegung verbraucht wird.

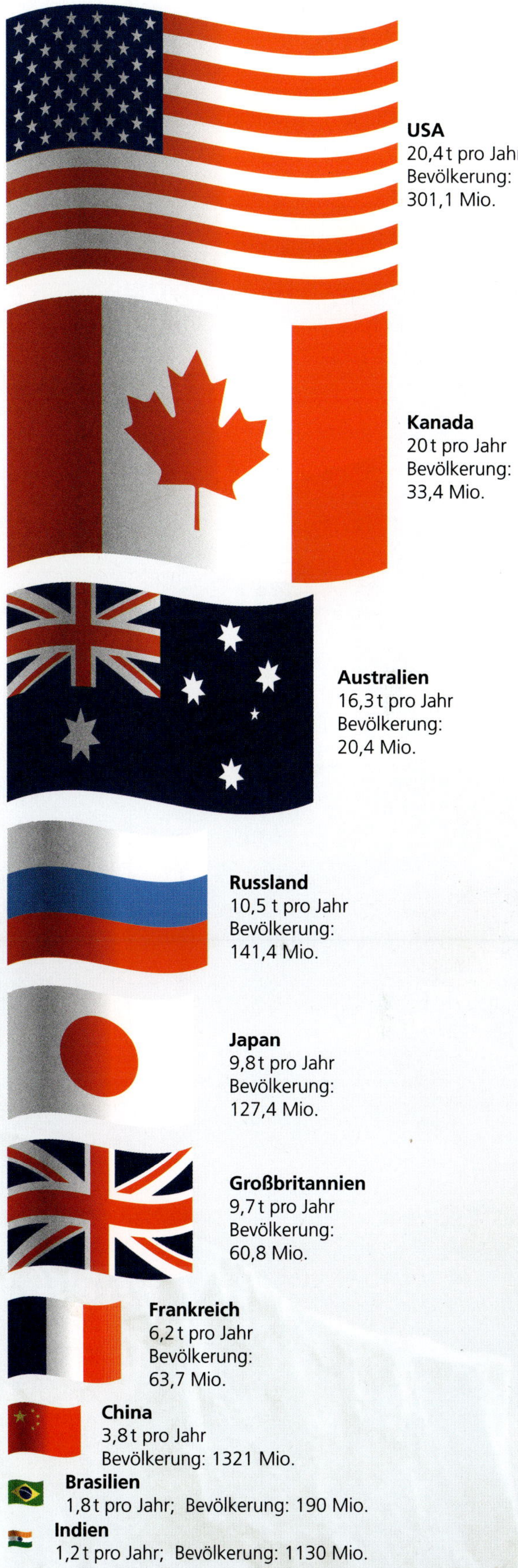

KOHLENDIOXID PRO PERSON
Die Größe der Flaggen zeigt die durchschnittliche Menge an Kohlendioxid, die pro Jahr von jedem Bewohner ausgestoßen werden. Sie zeigen auch, dass China, obwohl es mehr fossile Brennstoffe verbraucht als jedes andere Land, pro Person relativ wenig Kohlendioxid freisetzt.

Chronik

Das vergangene Erdklima analysieren Forscher mithilfe von Eisbohrkernen, Gesteinsprofilen und Pflanzenuntersuchungen. Die ältesten Wetteraufzeichnungen reichen bis ins 18. Jahrhundert zurück, während Methoden zur Messung atmosphärischer Veränderungen erst 150 Jahre alt sind. Die Chronik folgt den Ereignissen, die im Lauf der Klimageschichte deutliche Spuren hinterlassen haben, und stellt die Techniken zu ihrer Erforschung dar.

Modell eines *Tyrannosaurus rex*, der vor 65 Mio. Jahren ausgestorben ist

vor 250 Mio. Jahren
Das größte Massenaussterben der Erdgeschichte rafft etwa 96 % der damals lebenden Organismen dahin. Man vermutet, dass ausgedehnte, lang anhaltende Vulkanausbrüche unglaubliche Mengen CO_2 ausstießen, die den Treibhauseffekt anheizten, sodass organisches Leben auf dem Planeten fast unmöglich wurde.

vor 250–65 Mio. Jahren
Die Erde genießt in diesem Zeitraum, den die Dinosaurier dominieren, ein warmes, eisfreies Klima. Er geht mit einem weiteren großen Massenaussterben zu Ende – aufgrund eines Meteoriteneinschlags, Vulkanausbrüchen oder beidem.

vor 55–2,5 Mio. Jahren
Der kurzen Periode extremer Erwärmung folgt eine allmähliche Abkühlung des Tropenklimas, die etwa vor 2,5 Mio. Jahren zu einer Abfolge von mehreren Eiszeiten überleitet.

vor 20 000–15 000 Jahren
Höhepunkt der letzten Eiszeit mit weitreichenden Vereisungen der Nordhalbkugel und der Hochgebirge

vor 13 000 Jahren
Der Abriss von Meeresströmungen als Folge des Einstroms „süßer" Schmelzwässer in den Nordatlantik löst einen regionalen Temperatursturz aus, der 1300 Jahre anhält.

vor 8000 Jahren
Der Kohlendioxidgehalt der Luft erhöht sich um etwa 8 %, als die ersten Bauern große Wälder roden, um Ackerflächen zu gewinnen.

vor 6000 Jahren
Zunehmende Trockenheit beendet ein 8000 Jahre währendes Monsunklima in Nordafrika und verwandelt eine große Savannenlandschaft in die heutige Wüste Sahara.

1000 n. Chr.
Die Temperatur steigt auf das „Mittelalterliche Optimum" und schafft ein Klima ähnlich dem heutigen. In Yukatán (Mexiko) führt eine lang andauernde Dürre zum Niedergang der Maya-Kultur.

1430
Europa tritt in eine „Kleine Eiszeit" ein, die erst um 1850 endet. Die niedrigen Temperaturen verursachen Missernten und Hungersnöte und lassen Flüsse und Kanäle jeden Winter zufrieren. Wahrscheinlich kühlen Aschewolken aus Vulkanausbrüchen die Atmosphäre ab, indem sie das Sonnenlicht reflektieren.

Die industrielle Nutzung der Kohle beginnt 1709.

1607
Auf der zugefrorenen Themse findet in London der erste „Frostjahrmarkt" statt. Zelte, Verkaufsstände und Schaustellerbuden stehen auf dem dicken Eis. Der letzte seiner Art wird 1813 abgehalten, als die „Kleine Eiszeit" langsam zu Ende geht.

1709
Der britische Industrielle A. Darby setzt zur Verhüttung von Eisenerz erstmals Steinkohle ein. Damit beginnt die industrielle Nutzung fossiler Brennstoffe zur Energiegewinnung. Die einsetzende industrielle Revolution lässt den Kohlendioxidgehalt der Luft ansteigen.

1807
Kohlengas befeuert die ersten Straßenlaternen auf Londons Straßen, und später auch in vielen anderen Städten Europas.

1815
Der indonesische Vulkan Tambora explodiert in der historisch gewaltigsten Eruption. Seine weltweit zirkulierenden Aschewolken verdunkeln die Erde und verursachen im Jahr 1816 das „Jahr ohne Sommer".

1827
Der französische Mathematiker Jean B. Fourier entdeckt den Treibhauseffekt: Bestimmte Gase verhindern ein Abstrahlen der vom Erdboden reflektierten Wärmestrahlung der Sonne.

1840
Der schweizstämmige Forscher Louis Agassiz entwickelt die Vorstellung von Eiszeiten und weist nach, dass Nordeuropa und die Alpen einst eisbedeckt waren.

1847
Erste Erdölbohrung in Baku (Aserbaidschan)

1856
Die erste Erdölraffinerie nimmt in Ulaszowice (Polen) den Betrieb auf.

1863
Der irische Forscher John Tyndall publiziert, wie Wasserdampf als Treibhausgas wirkt.

1872
Die schwerste Sturmflut seit Beginn der Wetteraufzeichnungen trifft die Ostsee.

1882
In Nürnberg kommt die erste dauerhafte elektrische Straßenbeleuchtung Deutschlands zum Einsatz.

1885
Der deutsche Ingenieur Carl F. Benz konstruiert das erste mit Benzin angetriebene dreirädrige Automobil (Tricycle).

1895
Der schwedische Chemiker Svante Arrhenius vermutet, dass durch Verbrennung in die Atmosphäre eingebrachtes Kohlendioxid den Treibhauseffekt verstärkt, was zu einer Aufheizung des Erdklimas führen kann.

Die von Edison 1879 erfundene Glühlampe

1908
In den USA geht das von Ford entwickelte Modell T in die Fließbandproduktion. Die Zahl privater Autobesitzer steigt enorm an.

1920
Der serbische Geophysiker Milutin Milanković entdeckt, wie regelmäßige Schwankungen der Erdumlaufbahn um die Sonne die Globaltemperatur beeinflussen und dadurch möglicherweise Eiszeiten ausgelöst werden.

Beginn der Massenproduktion von Fords Modell T im Jahr 1908

1931
Nach drei Jahren Dürre fällt in China monatelang Regen. Der Fluss Jangtse schwillt auf 29 m über Normalstand an und bringt über 3,7 Mio. Chinesen den Tod durch Krankheiten, Hunger oder Ertrinken. Es ist die schlimmste durch Wetterereignisse je verursachte Katastrophe.

1932
Mehrere Trockenjahre in Folge führen in den Prärien der USA zur „Dust Bowl" (Staubschüssel), wodurch der Humusboden durch Winderosion abgetragen und bis nach New York verweht wird. Viele Farmer verlassen ihre Heimat.

1939
Der britische Ingenieur Guy S. Callendar meint, dass die seit dem 19. Jh. beobachtete Erderwärmung durch einen Anstieg des Kohlendioxids der Luft um 10 % zu erklären wäre. Er mutmaßt, dass eine Verdopplung des CO_2-Gehalts der Luft zu einem globalen Temperaturanstieg um 2 °C führen würde.

1945
Nach dem ein Jahrhundert währenden Anstieg der Globaltemperaturen fallen sie erstmals wieder aufgrund zunehmender Ruß- und Schmutzpartikel in der Luft, welche die Sonne abschirmen.

1953
Schwerste Nordseesturmflut seit Beginn der Wetteraufzeichnungen

1957
Nachdem man entdeckte, dass die Ozeane ein begrenztes CO_2-Aufnahmevermögen haben und deshalb das vom Menschen erzeugte kaum mehr zu absorbieren ist, warnt der US-Ozeanograf Roger Revelle davor, dass die Menschheit vor einem globalen geophysikalischen Experiment stünde, indem sie Treibhausgase in die Atmosphäre ablässt.

1958
Charles Keeling beginnt, CO_2-Gehalte der Luft über der Antarktis und Hawaii zu messen. Die nächsten Jahre über verzeichnet er einen stetigen Anstieg der Werte, die von der alljährlichen Herbst-Winter-Periode abgeschwächt wird. Die Kurve hat daher Sägezahncharakter.

1962
Der russische Klimatologe Michail Budyko warnt davor, dass das starke Bevölkerungswachstum im 21. Jh. zu einem massiven Klimawandel führen wird.

1967
Die US-Geophysiker Syukuro Manabe und Richard Wetherald entwickeln ein Computermodell des Erdklimas. Es zeigt Übereinstimmung mit den Aussagen von Callendar (1939), dass eine Verdopplung des CO_2-Gehalts in der Luft die Erdtemperatur um 2 °C anhebt. Neuere Modellierungen liefern sogar Anstiege über 3 °C.

1968–1974
Die südliche der Sahara liegende Sahelzone erleidet eine sieben Jahre ausdauernde Dürre. Millionen Menschen verhungern und gegen Ende der Periode hängen 50 Mio. von Nahrungslieferungen ab.

1970
Der schrecklichste Tropensturm des 20. Jh. trifft Bangladesch und überflutet die Küstenebenen und große Teile des Landes bis zu 7,5 m hoch. Nahezu 500 000 Menschen sterben.

1972
Einer der schlimmsten Stürme des 20. Jh. braust über Europa hinweg. Der Orkan fordert 47 Menschenleben in Deutschland und vernichtet große Teile des Waldbestands in Niedersachsen.

1977
Klimaaufzeichnungen zeigen einen erneuten Anstieg der Globaltemperaturen, nachdem sie in der Nachkriegszeit (1945) mittelfristig gefallen waren.

1978/1979
Ein massiver Wintereinbruch mit heftigem Schneefall und meterhohen Schneeverwehungen sorgt für den schwersten Winter des 20. Jh. in Norddeutschland.

1982
Der schweizerische Physiker Hans Oeschger untersucht Bohrkerne des grönländischen Eisschilds und stellt einen Zusammenhang zwischen den Kohlendioxidgehalten in den eingeschlossenen Gasbläschen des Gletschereises und der Erderwärmung fest.

1982/1983
Ostaustralien erlebt die schlimmste Dürre des 20. Jh. Riesige Buschbrände wüten im Land und töten über 60 Bewohner.

1984/1985
Durch eine lang andauernde Trockenheit in Ostafrika sterben 450 000 Äthiopier und Sudanesen.

1985
Ein Bohrteam auf der russischen Wostok-Station in der zentralen Antarktis zieht einen Eisbohrkern, der bis zu 150 000 Jahre alte Kohlendioxidblasen enthält. Untersuchungen am „Wostok-Kern" zeigen die sehr schnell erfolgten Anstiege und Absenkungen des Gasgehalts und der Globaltemperatur und stellen den Zusammenhang beider Größen her.

Eisbohrkerne der Wostok-Forschungsbohrung zeigen die Kohlendioxid- und Temperaturentwicklung seit der vorletzten Eiszeit.

1988
Die UNO fordert ein wissenschaftlich fundiertes Gutachten zum Klimawandel, das in Gestalt des IPCC, einem Gremium von Wissenschaftlern, erstellt und fortlaufend aktualisiert wird. Der erste sogenannte Klimareport dieser Gruppe an die Regierungen der Welt erscheint 1990.

Hochwasser in Großbritannien

1990
Ein Tropensturm (Zyklon) im Indischen Ozean schiebt eine Flutwelle von 6 m Höhe in den Golf von Bengalen und überflutet Teile Bangladeschs – rund 148 000 Menschen sterben.

Der US-Geophysiker Syukuro Manabe (unten) zeigt mit einem computergestützten Klimamodell, dass die Erderwärmung den Golfstrom abschwächen könnte. Nordwesteuropa könnte sich dadurch eher abkühlen als erwärmen.

1991
Die riesige Aschewolke, die der Vulkan Pinatubo (Philippinen) ausstößt, lässt weltweit die Globaltemperatur um 2 °C sinken.

1991/1992
Afrika wird von der schlimmsten Trockenheit des 20. Jh. heimgesucht. Über 6,7 Mio. km^2 sind davon betroffen.

1997
Wald- und Torfbrände in Indonesien zerstören über 3000 km^2 Natur. Aufsteigende Rauchwolken setzen so viel Kohlendioxid frei wie 30–40 % des weltweiten Brennstoffverbrauchs.

Überschwemmungen an den Flussläufen der Oder verursachen schwere Schäden in Deutschland, Polen und Tschechien.

Bei einem Treffen in Kyoto (Japan) vereinbaren die Abgesandten der meisten Staaten der Welt, bis 2012 den Ausstoß von Treibhausgasen um 5 % zu senken. Zwar lehnen die USA und Australien ab, dennoch wird der Vorschlag 2005 international Gesetz.

1998
Noch nie wurden weltweit höhere Globaltemperaturen gemessen.

Der Geophysiker Syukuro Manabe in seinem Büro

2001
Das IPCC gibt den dritten Klimareport heraus. Er besagt, dass die Klimaforscher überzeugt sind, dass die menschlichen Aktivitäten zu einem Anstieg der Globaltemperaturen führt. Die sogenannte „Hockeyschläger-Kurve“, ein Bestandteil der Forschungsarbeit, zeigt den Temperaturverlauf der letzten 1000 Jahre mit einem steilen Anstieg im 20. Jh.

2002
Das Larsen-B-Schelfeis am Rand der Antarktischen Halbinsel zerfällt binnen 35 Tagen. Über 3250 km^2 Gletschereis driften ins Meer und schmelzen.

2003
Europa erlebt die heftigste Hitzewelle der letzten 500 Jahre mit vielen Tagen über 40 °C. 30 000 Hitzetote sind zu beklagen.

2004
Eine in der Wissenschaftszeitschrift *Nature* veröffentlichte Studie befürchtet das Aussterben von bis zu 52 % aller Pflanzen- und Tierarten aufgrund der vom Klimawandel herbeigeführten Veränderungen bis 2050.

Messungen in Meeresströmungen im Umfeld des Golfstroms zeigen, dass er sich seit 1960 verlangsamt hat. Befürchtungen ob seiner Abschwächung werden laut.

2005
Die britische Antarktisforschung entdeckt, dass der große Westantarktische Eisschild auseinanderbrechen könnte. Das würde den Meeresspiegel weltweit um 5 m anheben.

Der Westatlantik erfährt die bisher stärkste Hurrikansaison mit 14 benannten Stürmen. Einer davon, Katrina, zerstört einen Großteil der Metropole New Orleans (USA).

Die Globaltemperaturen überflügeln die des Rekordjahrs von 1998.

Geschlossene Liftanlagen während eines schneearmen Winters

2006
Mehrere Grönlandgletscher fließen schneller als in der Vergangenheit, was den Schluss erlaubt, dass die Gletscherränder bereits auf den Klimawandel reagieren – und zwar rascher als erwartet.

2007
Das IPCC gibt im vierten Klimareport bekannt, dass bei fortschreitendem Wirtschaftswachstum und ansteigender Treibhausgasproduktion die Globaltemperatur bis 2100 um bis zu 4 °C steigen könnte.

China überholt die USA in der Produktion von Treibhausgasen – wenngleich der Pro-Kopf-Verbrauch wesentlich niedriger ist (ein Viertel). Der Großteil davon geht auf die vielen neuen Kohlekraftwerke Chinas zurück.

Extreme Hitzewellen plagen Südeuropa mit Temperaturen bis 46 °C in Griechenland und lösen viele Waldbrände mit zahlreichen Toten aus. Etwa gleichzeitig wird England von Starkregen und Überschwemmungen heimgesucht. Die Heftigkeit der Niederschläge findet sich in den Klimamodellen wieder.

James Hansen und fünf weitere Klimaforscher kommen zu dem Ergebnis, dass der Klimawandel ganze Zivilisationen bedrohen könnte.

2012
Nach einer Übergangsfrist von drei Jahren tritt in der EU ein Glühlampenverbot in Kraft.

Neugierig geworden?

Jede Woche erscheinen in Zeitungen Artikel zu den neuesten Forschungsergebnissen des Klimawandels. Detaillierte Informationen finden sich auf Webseiten, in Museen und Instituten, die das Klima erforschen. Natürlich kannst du auch selbst Klimaforschung betreiben – durch tägliches Wetterbeobachten oder durch Erstellen der familiären Energiebilanz, um Einsparmöglichkeiten herauszufinden.

INTERNETADRESSEN

- Warum es auf der Erde immer wärmer wird.
  www.tk-logo.de/cms/beitrag/10001761/217609/Warum_es_auf_der_Erde_immer.html
- Was tut die Bundesregierung gegen den Klimawandel?
  www.regierenkapieren.de/Webs/KW/Content/DE/FAQ/WasTutDieBundesregierungGegenDenKlimawandel/was-tut-die-bundesregierung-gegen-den-klimawandel
- Was ist eigentlich Klimawandel und was verändert unser Klima?
  www.kinder.niedersachsen.de/index.php?id=597
- So kannst du das Klima schützen.
  www.wdr.de/tv/neuneinhalb/extra/extra_klima.php5
- Erfahre mehr über erneuerbare Energien.
  www.kinder.niedersachsen.de/index.php?id=596
- Der Klimawandel und seine Folgen.
  http://pandaction.wwf.ch/de/umweltwissen/klima/index.cfm
- Die Natur in Not! Wenn sich das Meer erwärmt.
  www.seilnacht.com/Lexikon/Treibh.htm
- Alles über Klimawandel und Klimaschutz.
  www.bmu.de/files/pdfs/allgemein/application/pdf/klima_de_schuelerhefte.pdf

MUSEUMSBESUCHE
Viele Natur- und Technikmuseen haben Abteilungen, die die Themen dieses Buchs ansprechen. Dazu zählt z. B. das Deutsche Museum in München (Abteilung „Klima"), das neue Klimahaus in Bremerhaven mit Beispielen aus verschiedenen Klimagebieten der Erde sowie das Technische Museum in Wien mit Sonderschauen.

WIE GROSS IST DEIN EINFLUSS?
Du kannst auch etwas gegen den Klimawandel tun: Mithilfe des Internets kannst du herausfinden, wie viel Einfluss du auf das Klima hast und wie du ihn reduzieren kannst. Du kannst deinen Kohlenstoff-Fußabdruck (S. 62) berechnen und bekommst Anregungen, wie du ihn verkleinern kannst: Müll trennen, Plastiktüten mehrfach benutzen oder öfter mal mit dem Rad fahren – es gibt viele Möglichkeiten und jede Kleinigkeit zählt.

BESUCHE UND VIRTUELLE BESUCHE
Deine Schule könnte Klassenausflüge zu Windsparks, Wasserkraftwerken, Recyclinganlagen, Null-Energie-Häusern, einem Ökostadtteil, einer Biogasanlage oder einem Biosphärenreservat ins Auge fassen. Das Alfred-Wegener-Institut betreibt eine Webcams auf der Neumayer-Station (www.awi.de).

Glossar

Trockenrisse während einer Dürre

ABSORPTION Aufnahme von Stoffen oder Energie durch ein Medium, z. B. Flüssigkeit oder Gas, durch einen Feststoff.

ALBEDO Jedes Objekt reflektiert Licht. Die Albedo ist die Menge an Licht, das ein Objekt reflektiert.

ANTHRAZIT Dichteste Kohleform, die mehr Kohlenstoff und weniger flüchtige Stoffe als Steinkohle enthält.

ATMOSPHÄRE Die Gasschichten der Erde und anderer Planeten oder Monde.

BAKTERIEN Große Gruppe mikroskopisch kleiner, einzelliger Organismen. Wichtig im Kreislauf der Stoffe als Zersetzer, aber auch Auslöser von Krankheiten.

BASE (LAUGE) Chemische Substanz, die Verbindungen enthält, welche Säuren neutralisieren können.

BIOKRAFTSTOFF Kraftstoff, der aus Pflanzen gewonnen wird. Wird teilweise normalen Kraftstoffen beigemischt.

BIOMASSE Aus totem oder lebendem biologischen Material bestehend.

BIOSPHÄRE Teil der Erdoberfläche, der das irdische Leben aus Pflanzen, Tieren, Mikroorganismen und Menschen umfasst.

BRENNSTOFFZELLE Ein elektrochemischer Energiewandler, der Elektrizität aus Energieträgern wie Wasserstoff ohne heiße Verbrennung herstellt. Als Abgas entsteht unschädlicher Wasserdampf. Verwendung in Automobilen.

DATEN Messwerte, die zur Beobachtung, Überwachung und Beschreibung von natürlichen Zuständen und Prozessen dienen.

DÜRRE Großer Zeitraum ohne Niederschlag.

FOTOSYNTHESE Prozess, mit dem Pflanzen und Algen mithilfe des Sonnenlichts aus Wasser und Kohlendioxid Kohlenhydrate (Zucker) herstellen.

Biokraftstoff

FOSSILE BRENNSTOFFE Aus Kohlenstoff oder Kohlenwasserstoffen bestehende Kraft- und Brennstoffe (Kohle, Benzin, Diesel, Erdgas), die durch Umwandlung aus pflanzlichen und tierischen Resten entstanden sind. Bei ihrer Verbrennung wird Kohlendioxid frei.

FRUCHTBAR Eigenschaft eines Landstrichs oder Bodentyps, der reichlichen Pflanzenanbau verspricht.

GEMÄSSIGTES KLIMA Klimagebiet, das zwischen Tropen- und Polargebieten liegt, mit milden Temperaturen und häufigen, aber mäßigen Niederschlägen.

GEOLOGIE Wissenschaft vom Bau der Erde und von den Eigenschaften der Gesteine.

GLETSCHER Zu Eis verdichteter Altschnee, der sich an den Polen und im Hochgebirge ansammelt und mit dem Gefälle fließt.

HURRIKAN Tropischer Wirbelsturm in der Karibik und im Westatlantik mit Windgeschwindigkeiten von über 121 km/h. Ein Hurrikan rotiert gegen den Uhrzeigersinn. Im Zentrum herrscht extrem niedriger Luftdruck.

INDUSTRIALISIERUNG Entwicklung industrieller Anlagen, die Massenprodukte herstellen (z. B. Kunststofffabriken). Solche Fabriken verbrauchen große Mengen Energie in Form von Strom oder Kraftstoffen.

INFRAROT Strahlungsart, die sich als Wärme äußert, mit längerer Wellenlänge als Licht, aber kürzerer als Radiowellen.

INTERAKTION Gegenseitige Beeinflussung zweier oder mehrerer Dinge.

ISOLIERUNG Material mit geringer Wärmeleitfähigkeit, das zum Dämmen von Hauswänden und Dächern Verwendung findet.

KÄLTEMITTEL Chemische Flüssigkeit, die Wärme absorbiert und in Kühlschränken Verwendung findet. Die früher verbreitetsten Kältemittel waren sogenannte Fluorchlorkohlenwasserstoffe (FCKW). Sie hatten den Nachteil, die Ozonschicht der Erde anzugreifen, weshalb sie verboten worden sind.

KARBONAT Salz der Kohlensäure (H_2CO_3), z. B. Kalk ($CaCO_3$).

KLIMA Langjähriges Mittel der Witterung eines bestimmten Ortes oder Gebiets.

KOHLENDIOXID Farb- und geruchloses Gas (CO_2), das bei der Verbrennung kohlenstoffhaltiger Substanz entsteht. Tiere atmen es aus, Pflanzen bauen es in ihre Körpersubstanz ein. Es ist das bedeutendste Treibhausgas, das die Atmosphäre erwärmt.

KOHLENHYDRATE Große Gruppe organischer Verbindungen wie Zucker oder Stärke, die aus Kohlenstoff, Wasserstoff und Sauerstoff bestehen. Sie dienen Pflanzenfressern als Nahrung.

KOHLENSTOFF Nicht metallisches chemisches Element, Bestandteil aller organischen Verbindungen.

KOHLENSTOFFAUSSTOSS Freisetzung kohlenstoffhaltiger Gase in die Atmosphäre. Ein Großteil kommt dabei aus der Verbrennung fossiler Kraftstoffe und der Landwirtschaft.

KOHLENSTOFF-FUSSABDRUCK Jede Person ist zu einem Teil dafür verantwortlich, dass durch seinen Lebensstil Kohlenstoff zu Kohlendioxid umgewandelt oder Methan freigesetzt wird – durch Kraftwerke, Autos, Landwirtschaft, Mülldeponien usw. Die Summe ist der persönliche Kohlenstoff-Fußabdruck. Er sollte so klein wie möglich gehalten werden.

KOHLENWASSERSTOFF Organische Verbindung aus Kohlenstoff und Wasserstoff (z. B. Methan, CH_4).

Alte Zapfsäule

MEERESSPIEGEL Weltweit mehr oder weniger einheitliche Höhe der Meeresoberfläche und Bezugspunkt für alle Landhöhenangaben.

MIGRATION Wanderbewegung von einem Land zum andern. Viele Tiere (Zugvögel) migrieren von einem Kontinent zum nächsten.

MOLEKÜL Gruppe von Atomen, die eine stabile chemische Verbindung bilden. So besteht der Kohlenwasserstoff Methan, ein Gas, aus einem Atom Kohlenstoff (C) und vier Atomen Wasserstoff (H), um CH_4 zu bilden.

Gletscher

MONSUN Wettersystem in Indien und Südostasien. Im Winter weht der trockene kalte Monsun aus Tibet, im Sommer der feuchte Monsun aus dem Indischen Ozean, der Regen bringt.

OXIDATION Chemische Verbindung mit dem Gas Sauerstoff. Wenn Holz brennt, verbindet sich Kohlenstoff mit Sauerstoff und bildet das Gas Kohlendioxid.

OZON Besondere Form des Sauerstoffs mit drei anstatt zwei Sauerstoffatomen. Die Ozonschicht schirmt die schädliche UV-Strahlung der Sonne ab.

OZONSCHICHT Dünne Schicht in der oberen Atmosphäre mit erhöhtem Gehalt an dem Gas Ozon, das die von der Sonne eintreffende schädliche UV-Strahlung adsorbiert, also „ausfiltert".

PARTIKEL Anderes Wort für Teilchen.

PERMAFROST Ganzjährig gefrorener Boden.

PLANKTON Mikroskopisch kleine Organismen tierischen und pflanzlichen Ursprungs, die an der Oberfläche von Seen und Meeren im Wasser treiben.

PROGNOSE Vorhersage aufgrund von Beobachtungen und Daten, die von Forschern gemacht und ausgewertet werden.

RADIOAKTIVITÄT Eigenschaft von Atomkernen, die nicht stabil sind, sondern unter Aussendung von Kernteilchen langsam zerfallen. Uran ist ein radioaktives Element.

RÜCKKOPPLUNG Aktive Reaktion auf ein Ereignis.

Monsunregen

SAUERSTOFF Farb- und geruchloses Gas, das unverzichtbar ist für die meisten Lebewesen. Ein Fünftel der Luft besteht aus Sauerstoff.

SCHELFEIS Dicke Gletscherplatte, die sich vom Festland ins Meer schiebt und dort teilweise schwimmt.

Plankton

SCHWANKUNG Bandbreite für wiederkehrende Ereignisse, z. B. Tagestemperatur, Niederschläge, Verkehrsdichte usw.

SENSOR Technisches Instrument, das zu messende physikalische oder chemische Eigenschaften erfassen kann, z. B. ein Mikrofon einen Ton.

SMOG Kunstwort aus den englischen Begriffen *smoke* (Rauch) und *fog* (Nebel). Bedeutet im Allgemeinen Luftverschmutzung durch Abgase und Rußteilchen im Umfeld einer ungünstigen windarmen Wetterlage (Inversionslage).

SONNENENERGIE (SOLARENERGIE) Geräte, welche die Energie der Sonnenstrahlung einfangen und in elektrische oder Wärmeenergie umwandeln, z. B. Fotovoltaik-Zellen und Sonnenkollektoren.

SONNENSTRAHLUNG Energiestrahlung der Sonne aus sichtbaren (sichtbares Licht) und unsichtbaren (Wärmestrahlung, UV-Strahlung) Anteilen.

STURMFLUT Örtlicher Anstieg des Meeresspiegels infolge extrem tiefen Luftdrucks, z. B. in einem Hurrikan oder Taifun.

TAIFUN Name für tropische Wirbelstürme im Westpazifik und seinen Randmeeren.

TORNADO Schnell rotierender Luftwirbel in Begleitung großer Gewitter (Superzelle) und extrem tiefen Luftdrucks.

Tropischer Regenwald

TREIBHAUSEFFEKT Durch Treibhausgase (Kohlendioxid, Methan u. a.) verstärkter Effekt, sodass die Abstrahlung der am Boden reflektierten Sonnenstrahlung in den Weltraum verringert wird und die untere Atmosphäre sich erwärmt – vergleichbar einem Treibhaus.

TROPISCHES KLIMA Klima mit sehr warmen Temperaturen und häufigen (Regenwald) bis seltenen Niederschlägen (Wüste).

TUNDRA Kühles bis kaltes, baumloses Ödland zwischen dem Eis des Nordpols und den nördlichen Nadelwäldern.

TURBINE Maschine, die Bewegungsenergie (Wind, fließendes Wasser) in Strom umwandelt.

UMWELTVERSCHMUTZUNG Anreicherung von giftigen oder schädlichen Stoffen in der Natur.

VEGETATION Die Pflanzendecke der Erde oder einer bestimmten Region.

VERDUNSTUNG Übergang vom flüssigen in den gasförmigen Zustand. Wasser verdunstet zu Wasserdampf.

WASSERDAMPF Teil unsichtbarer, teils sichtbarer (Dunst) gasförmiger Zustand des Wassers und Teil der Atmosphäre.

ZYKLON Tropischer Wirbelsturm im Indischen Ozean.

Register

A B C

D E

F G H

I J K

L M N

O P R

S T

U V W Z

Dank und Bildnachweis

Dorling Kindersley dankt Rebecca Painter und Kate Scarborough für die Seiten 64–71, Hilary Bird für das Register, Kate Scarborough und Jim Green für das Poster.

Der Verlag dankt den folgenden Personen und Institutionen für die freundliche Genehmigung zum Abdruck von Fotos:

(Abkürzungen: o = oben, go = ganz oben, u = unten, m = Mitte, l = links, gl = ganz links, r = rechts, gr = ganz rechts)

akg-images: Sotheby's 15ur; Alamy Images: Alaska Stock LLC 43gor; Arco Images 61gol; Simon Belcher 59gol; Mark Boulton 56go, 58m; James Cheadle 2m, 22–23u; Gary Cook 41ml; Dennis Cox 60–61ul; Elvele Images 36ur; Pavel Filatov 42go; Clynt Garnham 57gol; David Kilpatrick 69gol; Robert McGouey 51mr; Renee Morris 35u; Motoring Picture Library 60ml; Edward Parker 49gor; paul-hill.co.uk 61u; Sergio Pitamitz 12go; Rainer Raffalski 49u; Vera Schimetzek 47m; Andy Sutton 47gol; VIEW Pictures Ltd 59u; Arup: 58–59u; British Antarctic Survey: 69u; Bryan and Cherry Alexander Photography: 28ul, 30ml, 36m; Mit frdl. Genehmigung von Climateprediction.net: 39u; Corbis: Steve Austin 17m; Bettmann 21u; William Campbell / Sygma 44m; Stephane Cardinale / People Avenue 48gor; Ashley Cooper 30go; Howard Davies 49m; Philip de Bay / Historical Picture Archive 44go; Dominique Derda / France 2 44u; Dewitt Jones 35go; Viktor Korotayev / Reuters 21m; John Madere 62go; Gideon Mendel 47u; Sally A. Morgan / Ecoscene 18go; Guang Niu / Reuters 24l, 27l; Douglas Peebles 46r; Rickey Rogers / Reuters 27gor; Gilles Sabrié 25m; Skyscan 52mr; Jim Sugar 9ul, 68u; Alison Wright 56–57u; DK Images: Mit frdl. Genehmigung des National Maritime Museum, London 51ur; Katie Williamson 71l; Katy Williamson 1u; Jerry Young 70go; Ecoscene: Peter Dannatt 53ml; Stuart Donachie 32go; Energy Saving Trust: Simon Punter 57m; Environmentalists for Nuclear Energy: 13ml; ESA: Envisat 33gor; FLPA: Nigel Cattlin 25gol; Larry West 41m; Konrad Wothe 37go; Getty Images: Fred Bavendam 34go; The Bridgeman Art Library 29ul; Peter Cade 62–63u; Chien-min Chung 50r; Michal Cizek / AFP 26ml; Adrian Dennis 48gol; Peter Essick / Aurora 68r; Stephen Ferry 18–19m; Michael & Patricia Fogden 34–35m; Tim Graham 55gor; Satoru Imai / Sebun Photo 54go; Saeed Khan / AFP 48u; John Lamb 62gor; Alex Livesey 25gor; Logan Mock-Bunting 42u; Mark Moffett 18l; Bruno Morandi 40–41u; Stuart O'Sullivan 58go; Tyler Stableford 12m; Teubner 55mr; Toru Yamanaka / AFP 49gol; Global Warming Art (www.globalwarmingart.com): 39gor; International Panel on Climate Change: 39go; Marine Current Turbines TM Ltd: 54–55; NASA Goddard Space Flight Center: 26ul, 26ur; National Geographic Image Collection: James P. Blair 18u; Ralph Lee Hopkins 36go; Mit frdl. Genehmigung des Natural Environment Research Council: 32–33u; Mit frdl. Genehmigung von NOAA: GFDL 38–39u, 40go; PA Photos: Charles Rex Arbogast / AP Photo 26mr; Vinai Dithajohn / AP 19go; Dado Galdieri / AP 43m; Kent Gilbert / AP 46l; Nati Harnik / AP 20–21; Itsuo Inouye / AP 38go; Stephen Kelly / PA Archive 48ml; Bullit Marquez 15l; John Mcconnico / AP 28ml; John D. Mchugh / AP 41go; Martin Meissner / Ap 50–51; Leslie Neuhaus / AP 27m; David J. Phillip / AP 45u; Aijaz Rahi / AP 31ur; Solar Systems / AP 55ml; USGS / AP 43l; Liu Yingyi / AP 23gol; PunchStock: Purestock 57gor; Reuters: Action Images 31ul; Mario Anzuoni 27ur; Jayanta Shaw 44–45u; Rex Features: Dennis Gilbert / View Pictures 59gor; SplashdownDirect / Michael Nolan 37l; Sipa Press 29mo, 29go, 53mr, 53go; Science Photo Library: 9ur; Steve Allen 52ur; Martin Bond 22ul; British Antarctic Survey 7go, 16–17u; John Clegg 20m; Tony Craddock 43ur; Bernhard Edmaier 10u, 28ur; Mauro Fermariello 17gol, 17gor; Richard Folwell 21gor; Simon Fraser 24–25; Brian Gadsby 9gol; Geospace 3, 16go; GSFC / NASA 26gol; Tony Hertz / Agstockusa 24go; Ian Hooton 40ml; Institute Of Oceanographic Sciences 32m; David Hay Jones 13mr; Ted Kinsman 13go, 59gom; Dr Ken Macdonald 33gol; Munoz-Yague / Eurelios 67u; NASA 19m; NASA / Goddard Space Flight Center 29ur; Bjorn Svensson 55ur; Take 27 Ltd 42–43u; TRL Ltd 52ul; Still Pictures: Joerg Boethling 47gor; Paul Glendell 68go; Godard / Andia.fr 54ul; Marilyn Kazmers 32u; Mark Lynas 30u; Hartmut Schwarzbach / argus 61gor; Mit frdl. Genehmigung der US Navy: JOC(SW/AW) David Rush 33mr.

Poster: Alamy Images: James Cheadle mlu (Flugzeug); Motoring Picture Library mru (Auto); DK Images: Rowan Greenwood mo; Natural History Museum, London gol (Pflanzen); Marine Current Turbines TM Ltd.: mru (Meeresströmung); PA Photos: Anthony Mitchell / AP gor; Science Photo Library: Simon Fraser / Northumbrian Environmental Management Ltd. ul; Geospace m.

Illustration: Ed Merritt 28–29 (Karten); Peter Winfield 8mu, 12–13u, 14ur, 17ur, 25ur, 38ml, 39gol, 48ur, 51gor, ml, 57 ur, 60 gor, 64–64.

Cover: *Vorn:* Alamy Images: Doug Wilson mro; NASA Goddard Space Flight Center: mogl; Press Association Images: Dave Martin mogr; Science Photo Library: G. BRAD LEWIS gol, NASA gor; *Hinten:* Alamy Images: Mike Lane ur; Corbis: Lester Lefkowitz mr; Getty Images: Panoramic Images mu; Science Photo Library: British Antarctic Survey ml, NASA mro, R.B.HUSAR / NASA gor.

Weitere Informationen unter www.dkimages.com

Weitere Themen in dieser Reihe:
(Bandnummer in Klammern)

Das alte Ägypten (8)
Das alte Griechenland (21)
Das alte Rom (38)
Autos (25)
Azteken, Inka & Maya (28)
Bedrohte Tiere (5)
Burgen (24)
Christentum (34)
Demokratie (30)
Dinosaurier (1)
Eisenbahnen (19)
Die ersten Menschen (26)
Evolution (50)
Fische (13)
Flugmaschinen (41)
Fossilien (47)
Gesteine & Mineralien (17)
Große Entdecker (12)
Große Musiker (42)
Große Wissenschaftler (33)
Haie (10)
Hunde (39)
Indianer (18)
Insekten (35)
Katzen (23)
Klimawandel (11)
Kriminalistik (44)
Der Mensch (2)
Musikinstrumente (14)
Mythologie (31)
Naturwissenschaften (7)
Ozeane (32)
Pferde (43)
Pflanzen (48)
Piraten (36)
Regenwald (20)
Ritter (16)
Säugetiere (45)
Schätze (6)
Spione (9)
Städte (3)
Teiche & Flüsse (27)
Titanic (22)
Vögel (29)
Vulkane (37)
Wasser (40)
Weltall (15)
Wetter (46)
Wikinger (49)
Wirtschaft (4)